こっそり楽しむ
うんこ化石の世界

技術評論社

はじめに

うんこ化石はミステリー

うんこが化石になるの？

はい。

うんこも化石になります。

世界には、うんこ化石を専門としている古生物学者も存在し、毎年たくさんの〝うんこ化石に関する研究成果〟が発表されています。

うんこは、私たちに最も身近な物体の1つです。

動物である以上、うんこを出さずに生きていくことはできません。

そして、ひとたび排泄《はいせつ》されたうんこには、さまざまな情報が含まれています。〝うんこを排泄した主《あるじ》〟の体調はもとより、その〝主〟の食習慣や、〝主〟の暮らす地域の環境まで、たくさんのことが、うんこからわかります。そんな情報満載のうんこが、化石になっているのです。

こうした情報は、動物本体の化石からはわかりにくいものです。動物本体の化石は、「姿を知る」という意味では最高の手がかりです。しかし「生き様を知る」という意味では、うんこの化石の方が、たくさんの手がかりを秘めています。

この本は、そんな「うんこの化石」にまつわる研究をたくさん紹介しています。

恐竜たちが残したさまざまな「うんこ化石」。

古生物学者による「うんこ化石研究の歴史」。

うんこと密接に関係した「トイレ化石」の話。

生命の歴史とともに移り変わってきた「うんこ化石の移り変わり」などなど。

この本を読み終えた時、あなたはきっと、うんこのことが気になって気になってしかたなくなるはず……なるといいなあ、と思って執筆しました。

この本は、食事をしながら読む……ことに適している本かどうかは、ちょっと自信がありません。

トイレで読んでみる？　それは良いかもしれません。ぐっと身近に感じながら、お読みいただけるかと思います。

1つだけ、ご注意を。この本で得た知識と情報をご友人に（声高に）披露する時は、時と場所を選んだ方が良いかもしれません。

では、みなさま、うんこ化石の世界をお楽しみください。

筆者

目次

はじめに　うんこ化石はミステリー　02

地質時代年表　08

第1章　ティラノサウルスの「うんこ」。「うんこ」も化石になる！　09

第1節　ティラノサウルスのうんこ　11

第2節　化石に残るうんこ　19

第2章　「うんこ」はどこから「うんこ」なのか　29

第1節　うんこ化石研究の事始め　30

第2節　コプロライト、コロライト、そして……　34

第3節　恐竜たちの最後の晩餐　38

第4節　三葉虫の腹の中……58
第5節　アノマロカリスの腹の中……68
第6節　つぶれてお尻から出てしまう……70
第7節　〝出る〟のは、お尻からとは限らない……74
コラム　自分のうんこを食べないために……78

第3章　さまざまな「うんこの化石」……81

第1節　コプロライトに残る手がかり……82
第2節　うんこが崩す「先入観」……87
第3節　スパイラルうんこ……94
第4節　セグメントうんこ……98
第5節　広がる〝うんこ〟と、〝三日月〟を含むうんこ……101
第6節　それは本当に同じ動物のうんこ？……106
第7節　琥珀の中のコプロライト……110
第8節　歯型のあるコプロライト……114
第9節　寄生虫がいたコプロライト……119
第10節　それは本当にコプロライト？……122

第4章 〝トイレ〟の重要性 135

第1節 洞窟でスルか、それとも、野外でスルか 136
第2節 約2億3500万年前の共有トイレ 139
第3節 死を招くうんこ汚染 143
第4節 〝小さな〟トイレの化石 148
第5節 トイレから見える海岸線 155

第5章 「うんこの化石」の起源 163

第1節 いつから、うんこをするようになったのか？ 164
第2節 もっと古いうんこは？ 168
第3節 うんこの歴史、生命の歴史 171

第6章 「うんこ化石」と世界 177

第1節 うんこ化石と、カンブリア紀の世界 179
第2節 うんこ化石と、オルドビス紀の世界 187

第3節 うんこ化石と、デボン紀の世界 …… 189
第4節 うんこ化石と、ペルム紀の世界 …… 192
第5節 うんこ化石と、三畳紀の世界 …… 197
第6節 うんこ化石と、白亜紀の世界 …… 200
第7節 うんこ化石と、始新世の世界 …… 204
第8節 うんこ化石と、更新世の世界 …… 208
第9節 うんこ化石と、完新世の世界 …… 215
コラム 沈んでできたうんこ化石 …… 220

終章 うんこが残した世界 …… 224

おわりに うんこ化石はエンターテイメント …… 228
もっと詳しく知りたい読者のための参考資料 …… 230
本書における地質時代名「の」について …… 238

地質時代年表

			現在
新生代	第四紀	完新世	約1万年前
		更新世	約258万年前
	新第三紀	鮮新世	約533万年前
		中新世	約2300万年前
	古第三紀	漸新世	約3390万年前
		始新世	約5600万年前
		暁新世	約6600万年前
中生代	白亜紀		約1億4500万年前
	ジュラ紀		約2億100万年前
	三畳紀		約2億5200万年前

		約2億5200万年前
古生代	ペルム紀	約2億9900万年前
	石炭紀	約3億5900万年前
	デボン紀	約4億1900万年前
	シルル紀	約4億4400万年前
	オルドビス紀	約4億8500万年前
	カンブリア紀	約5億3900万年前
先カンブリア時代		約46億年前

第1章

ティラノサウルスの「うんこ」。「うんこ」も化石になる！

第1章

ティラノサウルスの「うんこ」。「うんこ」も化石になる！

遺《い》伝《でん》子《し》工《こう》学《がく》によって蘇《よみがえ》った恐竜たちを描いた映画、「ジュラシック・パーク」シリーズ。

1993年に公開されたその第1作では、草の上に横たわり、苦しそうに呼吸をするトリケラトプス（Triceratops）が登場する。

苦しんでいる原因は不明だが、毒性のある植物を食べた可能性があった。

そこで、主人公の1人である古植物《こしょくぶつ》学者《がくしゃ》の女性は、「確かめる方法は1つね」とつぶやくと、近くにあったトリケラトプスのうんこの山に何の躊躇《ため》い《ら》もなく腕を突《つ》っ込《こ》み、その調査を始める。

うんこの中に、トリケラトプスが苦しむ原因の手がかりがあると判断したからこそだ。

うんこは、排泄《はいせつ》をしたその主《あるじ》の体調をはじめとして、さまざまな情報を含《ふく》む。

そのうんこが化石になる、ということをご存じだろうか。

第1節 ティラノサウルスのうんこ

発見された岩の塊《かたまり》は恐竜のうんこ!?

1998年6月。

カナダ、サスカチュワン州の南西部《なんせいぶ》に分布する中生代《ちゅうせいだい》白《はく》亜紀《あき》末期《まっき》の地層から、長さ44センチメートル、高さ13センチメートル、幅16センチメートルのでこぼこした〝岩の塊〟が報告された。

手に持つとずっしりと重さを感じる7・1キログラム。

報告したアメリカ地質調査所《ちしつちょうさじょ》のカレン・チンたちによると、この岩塊《がんかい》は肉食恐竜の帝王《ていおう》として名高いティラノサウルス（Tyrannosaurus）の「うんこの化石」であるという。

ティラノサウルスのうんこの化石。Chin et al.（1998）を参考に作図。

う・ん・こ。

あるいは、「うんち」「糞《ふん》」「大便」「排泄物《はいせつぶつ》」。英語では「ｐｏｏ《ぷー》」。中国語では「拉屎《らぁーしぃー》」。

どんな表現をしても、「うんこ」は、「うんこ」だ。

私たちは、口で食物を咀嚼《そしゃく》し、胃や腸でその栄養分を吸収し、そして〝残りカス〟をまとめて、肛門《こうもん》から外に出す。

現代日本では、他人のうんこを見る機会はめったにないだろう。

自分のうんこでも、その感触《かんしょく》を手で確認する機会はほとんどないはずだ。

しかし、人によっては、うんこを触ることは、日常的な行為《こうい》でもあるはず。

例えば、わが家《や》には、ラブラドール・レトリバーとシェットランド・シープドッグがいる。

大型犬であるラブラドール・レトリバーは、そのからだに合った大きなうんこをするし、やや小柄《こがら》な中型犬であるシェットランド・シープドッグは、人の指サイズの小さなうんこをする。

どちらの場合も、散歩中にしたうんこであれ、居間の片隅《かたすみ》に置いたペット用トイレの上でしたうんこであれ、数枚のティッシュペーパーで包み、ビニル袋に入れて、ゴミの日に捨てる。

自分のうんこに触る機会はほとんどないけれど、犬たちのうんこを（ティッシュ越《ご》しに）触ることは、ごくごく日常的なものだ。

自分で自分の体調を報告できない犬たちにとって、うんこは健康管理の目安となる。

健《けん》康《こう》診《しん》断《だん》時の獣医師《じゅういし》さんとの会話では、うんこの状態は必ず訊《き》かれる項目《こうもく》の1つ。「しっかり硬いうんこをしています」と答えると、「それは、よかった」と獣医師さんの笑顔が返ってくる。

しかし、健康的で〝硬《かた》いうんこ〟だって、石のように硬いわけではない。

そんなうんこが、化石になる?

疑問に思われた方もいるかもしれない。

なにしろ、「化石」といえば、〝硬いモノ〟が多い。恐竜の骨、アンモナイトや三葉虫《さんようちゅう》の殻《から》。こうした化石は、文字通り「石のように」硬い場合が多い。

そして、骨も殻も、化石になる前から硬い。

一方、うんことといえば、〝軟《やわ》らかいモノ〟の代表格だ。

恐竜のうんこだって軟らかかったはず(下痢状《げりじょう》ではなかったとしても、だ)。

もしも、石のように硬いうんこだとしたら、ひり出すのも一苦労《ひとくろう》。そんなうんこを出せば、肛門だって無事であるはずはない。いくら、〝硬いうんこ〟が健康の指標になるとはいえ、硬いにもほどがあるというものだ。

軟らかいうんこが、どうして化石になるのだろう?

軟《やわ》らかいうんこは、たしかに化石になりにくい。

ただし、それは〝確率の話〟である。

実は、うんこに限らず、内臓や筋肉といった〝軟らかいモノ〟も化石になる。ただし、〝軟らかいモノ〟が化石になる確率は、〝硬いモノ〟よりもかなり低い。

しかし、化石になる確率が低くても、数があれば、化石になるうんこも出てくるだろう。

昔の人は、こんな至言《しげん》を残している。

「下手な鉄砲《てっぽう》、数打ちゃ当たる」

ある個体が一生涯《いっしょうがい》に排泄《はいせつ》するうんこの数。それはとても膨大《ぼうだい》だ。そのなかから、ほんのいくつかのうんこが化石になったとしても不思議じゃない。

だから、ティラノサウルスのうんこの化石があったとしても、不思議じゃない。

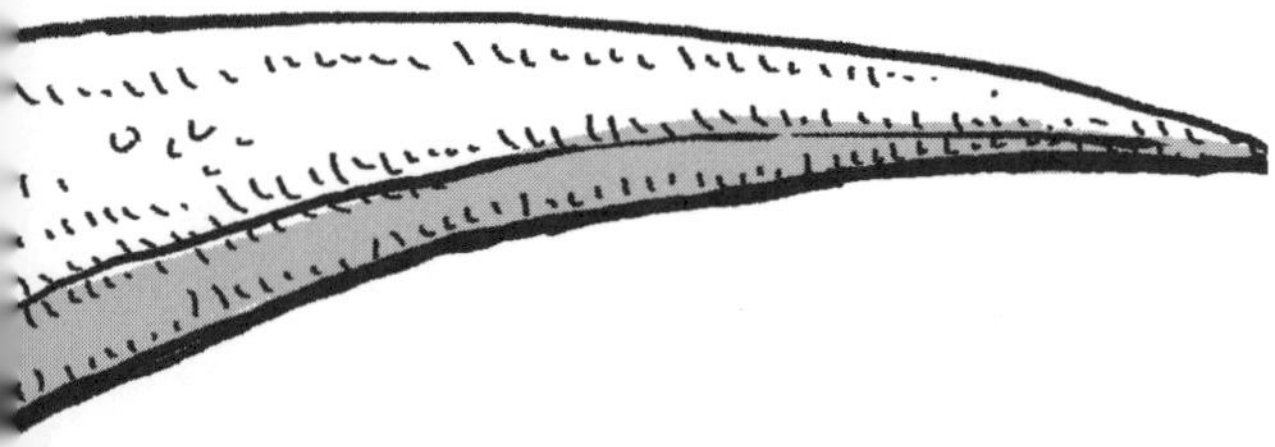

うんこをするティラノサウルス。完全に想像である。彼らがどのような姿勢で排泄していたのかは謎だ

「岩《がん》塊《かい》＝うんこ」となぜ、わかる?

しかし、なぜ、この岩塊をうんこと特定できたのだろう?

なにしろ、強《し》いて言えば、「うんこっぽい外観」をしているというだけで、うんこの放つ、あの独特《どくとく》の臭《にお》いがするわけではない。

しかも、どうして、ティラノサウルスのうんこと特定できたのだろう?

現代を生きる人々はもちろん、古代の人だって、誰もティラノサウルスの排泄シーンを目撃《もくげき》したことはない。なにしろ、現生人類《げんせいじんるい》の登場は、わずか31万5000年前。ティラノサウルスが生

きていたのは、その200倍以上も昔の話なのだ。

仮に、恐竜類《きょうりゅうるい》のうんこだとしても、なぜ、トリケラトプスのうんこではなく、ティラノサウルスのうんこだとわかるのだろうか？

ティラノサウルスのうんこの化石を報告したチンたちは、岩塊《がんかい》の内部に注目した。

まず、小さな骨片《こっぺん》が多く含《ふく》まれていることに気づいた。サイズは、2〜34ミリメートル。

次いで、化学成分を解析《かいせき》。すると、岩塊の成分がまわりの地層と異なっていた。

リンとカルシウムの濃度《のうど》がやたらと高いのだ。リンは〝普通の岩塊〟にはあまり含まれない。

しかし、カルシウムとともに動物の骨をつくる重要な元素《げんそ》である。

多数の小さな骨片と、リンとカルシウム。

これが、この岩塊が「うんこの化石」と判断された大きな理由だ。

そして、小さな骨片を含むという事実から、このうんこが肉食動物のものであるとされた。

骨片群は、肉食動物の餌《えさ》の〝名残《なご》り〟というわけである。

トリケラトプスのような植物食動物《しょくぶつしょくどうぶつ》のうんこに骨片が入っている可能性は低い。トリケラトプスのうんこならば、含まれているのは骨片ではなく、植物片《しょくぶつへん》（種子など）のはず。リンやカルシウムも同様だ。「動物の骨をつくる重要な元素」が入っているということは、それが「動物の骨を食べた可能性が高い」とされたのだ。

岩塊、改め、うんこの化石の大きさは、〝主《あるじ》〟の特定につながるヒントになった。

なにしろ、長さ44センチメートル、高さ13センチメートル、幅《はば》16センチメートルのうんこの化石である。体積は、2・4リットルに達する。ペットボトルよりも大きいのだ。

しかも、このサイズは、おそらく〝排泄《はいせつ》したてのホヤホヤ〟のうんこよりも小さいはず。化石になる過程で脱水《だっすい》し、圧縮《あっしゅく》されているはず。

つまり、もともとのうんこは、もっと大きかったと想像できる。

そんなサイズのうんこをしたのであれば、その動物も大きかったはず。

肉食で、からだの大きな動物。

このうんこ化石が発見された地層からは、多くの動物の化石も発見されている。そのなかには、肉食動物の化石も少なくない。ただし、そうした化石から推定されるほとんどの肉食動物の推定体重は、100キログラム以下。けっして小型ではないけれども、2・4リットル以上ものうんこを排泄すると考えると心許《こころもと》ない体のサイズだ。

大きなうんこは、大きな動物から排泄されたもののはず。

そして、うんこの化石と同じ地層から化石が発見されている唯一《ゆいいつ》の大型肉食動物こそが、テイラノサウルスだったのだ。ティラノサウルスのサイズは、大きな個体で全長13メートル、体重9トンに達する。「史上最大《しじょうさいだい》」ではないにしろ、「史上最大級」の肉食恐竜である。

チンたちは、さらにうんこの中に含《ふく》まれている骨片《こっぺん》についても分析《ぶんせき》をおこなった。その結果、含まれている骨片の少なくとも一部は、トリケラトプスのような角竜類《つのりゅうるい》が後頭部にもつフリルのものであるとされた。

骨片群から推定された角竜類の体重は、７５０キログラム。ほかにも、推定体重２００キログラムほどの二足歩行型《にそくほこうがた》の植物食恐竜《しょくぶつしょくきょうりゅう》の骨片が含まれているらしい。

こうした骨片は、その一部が未消化《みしょうか》の状態で含まれていた。

このことから、少なくともこのティラノサウルスの胃腸の状態は、完璧なものではなかったと推測《すいそく》されている。せっかくの獲物《えもの》を、完全に消化できていないままで、うんことして排泄《はいせつ》せざるをえなかったのだから。

もっとも、「未消化の骨片を排泄する（〝完全なる消化〟をしない）」ということが、ティラノサウルスという恐竜に共通する特徴《とくちょう》なのか、それとも、この個体の排泄時の体調に限られたものなのかはわからない。

本書執筆時点《ほんしょしっぴつじてん》で、チンたちの報告から23年の歳月《さいげつ》が経過《けいか》した。この間、「ティラノサウルスのうんこの化石」と断定された標本《ひょうほん》は、新たに発見されていない。

今後、ティラノサウルスのうんこの化石が豊富《ほうふ》に発見されれば、この謎《なぞ》は解けるだろう。

仮に１００個のティラノサウルスのうんこ化石が採集《さいしゅう》され、そのすべてに未消化の骨片が多く含まれているのであれば、ティラノサウルスは〝そういう動物〟である可能性が高い。種の特徴として、「完全なる消化をしない」と推測《すいそく》できる。

一方、ほかのティラノサウルスのうんこ化石に未消化の骨片がほとんど発見されないのであれば、チンたちが報告したうんこ化石の主《あるじ》が、たまたま体調不良だった可能性が高くなる。

第2節 化石に残るうんこ

うんこの化石を探せ!

うんこの化石は、「化石」という文字の通り「石」のように「硬い」ものが多い。

うんこの化石には、叩《たた》くとキンキンと音がするものもある。

しかし、排泄《はいせつ》された当初のうんこは、おそらく軟《やわ》らかかったはず。少なくとも肛門《こうもん》を痛めるような硬《かた》さではなかったはずだ。

なぜ、うんこは、石のように硬くなったのか？

そのメカニズムが完全に解明されているわけではない。解明されているわけではないが……、いくつかわかっていることもある。

２０１６年にウプサラ大学（スウェーデン）のマーティン・クヴァンストロームたちがまとめた論文では、排泄されたばかりのうんこの中にいたバクテリアの重要性が指摘《してき》されている。

バクテリアがうんこの中で活動を続けていく過程で、「うんこに含まれている有機物などを、リンとカルシウムでできた鉱物《こうぶつ》などに置き換《か》えていくのではないか」という。〝鉱物化〟することで、地層の中で保存されやすくなるというわけだ。

リンとカルシウムは、骨などをつくる硬《かた》い組織《そしき》の代表的な成分だ。

骨をも食べる肉食動物のうんこには、植物食動物《しょくぶつしょくどうぶつ》のうんこよりもこの成分が（もともと）多く含まれている。そのため、化石として残るうんこは、植物食動物が排泄したものよりも、肉食動物が排泄したもののほうが圧倒的に多いという。

そもそも地層中には無数の岩塊《がんかい》がある。

そんな状況で、それがうんこの化石であると、どうしてわかるのだろうか？

第1節で紹介した「ティラノサウルスのうんこの化石」は、骨片《こっぺん》とリンとカルシウムが決め手となった。

しかし、すべてのうんこの化石において、同様の証拠《しょうこ》が確認できるわけではないはずだ。トリケラトプスのように、植物食の動物だって、うんこをする。そんなうんこが、肉食動物と同じ成分でできていたとは考えにくい。

肉食動物のうんこの方が化石になりやすいとはいえ、植物食動物のうんこだって、化石になるはずだ。

なにしろ「数《かず》撃《う》ちゃ当たる」である。生態系を考えれば、肉食動物よりも植物食動物のほうが個体数は多い（そうでなければ、生態系が崩壊《ほうかい》する。肉食動物が植物食動物を食べ尽《つ》くし、やがては自分たちも死に絶えてしまう）。そんな植物食動物のうんこは膨大《ぼうだい》だったはずなのだ。

そして、その膨大なうんこの一部が化石となった場合、そのうんこには種子や葉が含まれるだろう。その種子や葉を調べれば、〝うんこの主《あるじ》〟である植物食動物の好みがわかるはずだ。

うんこの化石だけではなく、足跡《あしあと》の化石や巣穴《すあな》の化石などについて教科書的にまとめられている『The Palaeobiology of Trace Fossils』（1994年刊行）には、うんこの化石を見分けるための〝目安〟が次のようにまとめられている。

・押《お》し出されたような外部形態《がいぶけいたい》をしていること
・内部構造《ないぶこうぞう》に規則性があること
・縦方向《たてほうこう》、もしくは、螺旋方向《らせんほうこう》の線構造《せんこうぞう》が確認されること
・動物の腸《ちょう》と似た形をしていること
・現生生物《げんせいせいぶつ》の糞便《ふんべん》に似た形をしていること
・底が平たいこと
・有機物《ゆうきぶつ》が含まれていること
・リン酸カルシウムが含まれていること
・とても細かい粒子《りゅうし》で構成されていること
・堆積岩《たいせきがん》の地層中に含まれていること（堆積岩とは、泥《どろ》や砂が溜《た》まってできた岩石のこと）

　もっとも、すべてのうんこの化石が、この項目《こうもく》のすべてを満たすわけではないことは、同書でも指摘《してき》されている。あくまでも、〝通常の岩塊《がんかい》〟と区別するための目安である。しかし、こうした項目が、複数あてはまると、それが「うんこ」の化石である可能性が高まるわけだ。

　かくして〝うんこの化石〟は、「うんこの化石」であると認識され、研究対象となった。

かっこよくいうと「生痕化石《せいこんかせき》」

うんこの化石は、学術上は「生痕化石」と呼ばれるものの1つだ。

一般に、化石は、生物本体の化石である「体化石《たいかせき》」と、動物の生活の痕跡《こんせき》である「生痕化石」に大別《たいべつ》される。生痕化石には、うんこの化石以外にも、足跡《あしあと》の化石や巣穴《すあな》の化石などが含まれている。体化石が生物の姿形に関して詳細《しょうさい》な情報をもっていることに対し、生痕化石は動物の生き様に関するくわしい情報をもっている。

うんこの化石がもつ情報は多い。

第1節で紹介した「ティラノサウルスのうんこの化石」ように、ほかの捕食《ほしょく》した動物の骨片《こっぺん》はその代表だ。ティラノサウルスのうんこの化石に含まれていた骨片群《こっぺんぐん》は、その岩塊がティラノサウルスのうんこであることを示す証拠の1つであると同時に、ティラノサウルスの獲物《えもの》や、ティラノサウルスの顎《あご》の力を知るための手がかりにもなった。

実は、かねてよりティラノサウルスの食事は、「獲物を骨ごと食べる」と考えられてきた。コンピューターシミュレーションなどによる解析結果《かいせきけっか》もそれを支持《しじ》していたが、実際のところは証拠に欠けていた。

ティラノサウルスのうんこの化石にあった骨片群《こっぺんぐん》は、まさに「骨ごと噛《か》み砕《くだ》いた」ことの証拠となるわけだ。

クヴァンストロームたちの論文では、うんこの化石には、骨片などのほかに筋肉組織、寄生虫《きせいちゅう》の痕跡《こんせき》、バクテリアの痕跡、植物の種子や花粉・胞子《ほうし》といったものも保存されていることがあるとまとめられている。

いずれも、うんこを排泄《はいせつ》した動物や生態系、周囲を知ることに重要な情報だ。

動物の本体の化石だけでは見えない〝世界〟が、うんこの化石を通して推測可能《すいそくかのう》となる。

それは、多くの研究者や古生物のファンにとってとても魅力的《みりょくてき》な話だ。

クヴァンストロームたちはその重要性を指摘《してき》して、「うんこの化石は、化石鉱脈《かせきこうみゃく》の1つとみなされるべきだ」と主張している。「化石鉱脈」とは、通常ではあまり化石に残りにくいもの（例えば、軟組織《なんそしき》など）がよく保存されている地層のこと。生命史《せいめいし》を紐解《ひもと》くうえで、とりわけ重要とされる。うんこの化石には、そうした地層と同等の価値があるというわけである。

うんこはめっちゃ研究されてるよ!

特に人間のうんことか!

うんこ化石探偵
ウン・コ・ナンナン
うんこが教えてくれる世界
飼っているペットの健康チェックの他にも、野生動物がその地域で何を食べているのかを調べたり、人の病気の元になる寄生虫もうんこを調べることで原因として特定されてきた。うんこはすごいのだ!

化石になってもうんこはすごい!!

カキーン!!

食べられた何種もの動植物ごと化石として保存!まさにタイムカプセル!!

"落とし主"のくらしや周囲の環境も見えてくる!

うんこすごい!

うんこ以外の生痕化石
① 足あと化石
② 誰かがはったあと
③ 何かの巣穴
生痕化石があると歩き方や住んでいた環境などより細やかな暮らしの情報が見えてくるよ!

わりとそのへんの川でも見つかったりするよ

うんこの化石の弱みとは？

もっとも、うんこの化石に〝弱み〟がないというわけではない。

シカゴ大学（アメリカ）のレベッカ・C・テリーは、現生《げんせい》のアメリカワシミミズク（*Bubo virginianus*）のうんこを調べ、化石となる過程でうんこにどのような変化が起きるのかを予想した論文を２００４年に発表している。

この研究によると、うんこは、排泄《はいせつ》した〝主《あるじ》〟の生態を完全には反映しえないという。

そもそも、捕食者が「日々決まった獲物《えもの》」だけを食べているとは限らない。季節によって、獲物や捕食量《ほしょくりょう》を変化させている可能性は低くない。消化過程の影響もある。壊《こわ》れやすいものは失われ、壊れにくくて、一定以上のサイズのあるものはうんこの中に残りやすい。

ティラノサウルスのうんこの例でいえば、なるほど、トリケラトプスを獲物としていたのは確かだとしても、それが〝日常的な行為《こうい》〟だったと考えることはできない。日常的には、別の、もっとおとなしそうな恐竜《きょうりゅう》を襲《おそ》っていたのだけれども、その日は、たまたま弱ったトリケラトプスを発見し、襲い、そしてうんこを排泄し、たまたまそのうんこが化石となっただけなのかもしれない。

つまり、うんこの化石の内部にある情報が、〝主〟の食生活のすべてではない。

そして、どのような場所で排泄されたかによって、化石としての残りやすさも異なってくる。水辺《みずべ》か、森林《しんりん》か、砂漠《さばく》か。暑い場所か、寒い場所か。日照《にっしょう》時間《じかん》はどのくらいか。ほかの動物がどのくらい生息している場所なのか。さまざまな条件が重なるなかで、〝うんこの主〟を特定することは難しい。

第1節で紹介した「ティラノサウルスのうんこの化石」は、ティラノサウルス以外の大型動物の化石が、うんこ化石と同じ地層から発見されていないことを、「このうんこは、ティラノサウルスが排泄した」とする根拠の1つとしている。

しかし、うんこの〝主〟が広い範囲を生活圏《せいかつけん》とし、歩き回っていたとしたら、うんこ化石と同じ地層に〝主〟の化石があるとは限らないのだ。そうした「うんこの〝運搬《うんぱん》〟」に関する課題は、クヴァンストロームたちも指摘《してき》している。

例えば、アメリカワシミミズクのような鳥類《ちょうるい》の場合、捕食した場所から遠く離れた場所で排泄することがあるという。つまり、うんこの中にある化石は、それが動物のものであれ、植物のものであれ、必ずしも、〝主〟の本来の生息地ではない場所で排泄された可能性がある。

また、『The Palaeobiology of Trace Fossils』では、そもそも、生物種《せいぶつしゅ》によってうんこの量が異なることも指摘《してき》されている。量が異なれば、化石の残りやすさも変わってくる。「化石は確率」だからだ。少量少数のうんこは、化石として残りにくいだろう。うんこ化石だけに頼《たよ》る生態系の復元《ふくげん》がいかに危険であることかを物語る。

うんこの有無《うむ》から生態系のすべてを推測《すいそく》することは難しく、研究には慎重《しんちょう》さが必要となる。うんこの化石には、さまざまな情報が含まれているけれども、その情報が「生態系のすべてではない」ということには、あらかじめ注意を払《はら》う必要がある。

それが大前提《だいぜんてい》だ。

それでもうんこの化石がなければ、見えてこないことが多い。
太古《たいこ》の世界を知るための有力な手段として、うんこの化石は、とても大切なのだ。

第2章

「うんこ」はどこから「うんこ」なのか

第2章

「うんこ」はどこから「うんこ」なのか

第1節 うんこ化石研究の事始め

うんこの化石が、「うんこの化石」と認識されたのは、19世紀のことだ。

当時、イギリスのライム・レジスの海岸に分布する地層の中に、多数の〝奇妙《きみょう》な物体〟があることが知られていた。その物体の形が、あるヤギ《ベゾアールヤギ》の胆嚢《たんのう》内《ない》に確認される〝結石《けっせき》〟に似ていたことから、そのヤギにちなんで「ベゾアール石」と呼ばれていた。

つまり、「うんこ」云々《うんぬん》以前《いぜん》に、「化石」として認識されていなかった。

ベゾアール石が結石ではなく、「うんこの化石」とみなされるようになったのは、2人のイギリス人による活動がきっかけとなっている。

1人は、オックスフォード大学の地質学者《ちしつがくしゃ》にして鉱物学者《こうぶつがくしゃ》、そして古生物学者《こせいぶつがくしゃ》でもあったウィリアム・バックランド。今日では、「恐竜類《きょうりゅうるい》」というグループをつくる際に使われた3種の爬虫類《はちゅうるい》の1つ、「メガロサウルス（*Megalosaurus*）」の研究者として知られる。

バックランドはメガロサウルスだけではなく、多くの化石を研究し、19世紀初頭《しょとう》の古生物学界をリードした大物だ。

もう1人は、メアリー・アニング。今日では、「化石婦人《かせきふじん》」の二つ名で知られるアマチュアの化石収集家である。メアリーは豊富《ほうふ》な知識をもとに化石を採集《さいしゅう》し、バックランドをはじめとする多くの研究者にその化石を売って暮らしていた。近代古生物学《きんだいこせいぶつがく》の歴史を語る上では欠かせない女性である。とくにイギリス古生物界においては、大英自然史博物館《だいえいしぜんしはくぶつかん》にその肖像画《しょうぞうが》が飾《かざ》られているほどの〝功労者《こうろうしゃ》〟でもある。２０２１年には、彼女を主役とした映画『アンモナイトの目覚め』も公開された。

メアリーが、イギリスのライム・レジスの海岸で化石を発見し、採集し、バックランドたちがそれを買い取って研究し、論文を発表する。そんな〝プロセス〟が、当時のイギリスでは確立していた。

そうして学界《がっかい》へ送られた標本《ひょうほん》の中に、魚竜類《ぎょりゅうるい》の化石があった。魚竜類は、イルカのような姿をした海棲《かいせい》の爬虫類だ。恐竜時代の海洋生態系《かいようせいたいけい》における〝主要構成員《しゅようこうせいいん》〟である。

メアリーが発見したいくつかの魚竜類《ぎょりゅうるい》の化石の腹部《ふくぶ》に、多数の〝ベゾアール石〟があった。腹部というその位置から、バックランドは〝ベゾアール石〟を「うんこの化石」と確信する。そして、１８２９年に発表した論文で、その情報をまとめた。

バックランドは、うんこの化石の化学成分にも注目した。

第１章で紹介したティラノサウルス（Tyrannosaurus）のうんこの化石のように、多くのうんこの化石には、リン酸カルシウムが含まれている。

そしてバックランドは、リン酸カルシウムの「リン」に社会的な実用性を見出したのである。

肥料《ひりょう》になるのだ。

リンは肥料の主成分である。植物の成長を促進《そくしん》する働きがある。

バックランドの研究を受けて、「うんこの化石」は、肥料として組織的に、そして大規模に採《さい》掘《くつ》されるようになった。

採掘し、粉砕《ふんさい》し、肥料として、畑に播《ま》く。

当時、ヨーロッパでは肥料が不足していた。そのため、バックランドが〝もたらした〟「うんこの化石」は、大歓迎《だいかんげい》された。

20世紀初頭《しょとう》まで、うんこの化石は古生物学的な研究対象というよりは、主に肥料資源として扱《あつか》われていく。『肥料になった鉱物《こうぶつ》の物語』（著：高橋英一《たかはしえいいち》）によると、イギリスのサフォーク州で採掘された肥料としてのうんこの化石の総量は、実に２００万トンに達したという。

うんこの化石が、化石として再び〝本格的な研究対象〟となったのは、20世紀になってからだった。ただし、古生物学《こせいぶつがく》の研究対象としてではなく、考古学《こうこがく》の研究対象だった。人類のうんこの化石の研究が盛《さか》んにおこなわれたのだ。

こうした研究史は、２００３年に刊行された『メアリー・アニングの冒険《ぼうけん》』（著：吉川惣司《よしかわそうじ》・矢島道子《やじまみちこ》）や２０２０年に刊行された『CAVES, COPROLITES AND CATASTROPHES』（著：アラン・チャップマン）などの書籍で触れられており、また、２０１２年にフライング・ヘリテージ・コレクション（アメリカ）のアドリアン・Ｐ・フントたちが発表した論文でもまとめられている。

フントたちの２０１２年の論文によると、「考古学の研究対象」だったうんこの化石が、「古生物学の研究対象」として脚光《きゃっこう》を浴びるようになったのは、ある標本《ひょうほん》の発見がきっかけだったという。

実はそれが、第１章で紹介した「ティラノサウルスのうんこの化石」だ。

アメリカ地質調査所《ちしつちょうさじょ》のカレン・チンたちが発表したこの研究によって、うんこの化石のもつ可能性が示《しめ》されたのである。

第2節 コプロライト、コロライト、そして……

専門家は、「うんこの化石」を「うんこの化石」と呼んでいるわけではない。

バックランド以降《いこう》、「うんこの化石」は「コプロライト（coprolite）」と呼ぶことが定着《ていちゃく》している。この単語は、そのまま「うんこの化石」という意味の単語だ。「copro」はギリシア語で「うんこ」を意味し、「lite」は「石」を意味する。……その意味では、専門家も「うんこの化石」と呼んでいることになるけれども……ともかくも、1つの単語で呼んでいる。

一方で、そもそも「うんこ」はどこから「うんこ」なのか、という根本的《こんぽんてき》な疑問もある。

動物は、口を使って食物を食べる。その食物は、必要に応じて咀嚼《そしゃく》され、胃や腸などで消化され、肛門《こうもん》から排泄《はいせつ》される。

例えば、腸内にあって〝排泄を待つだけのうんこ〟は、「うんこ」ではないのか？ その化石を「コプロライト」として良いのだろうか？

2012年、プラハ・カレル大学（チェコ）のトマシュ・プリクリルたちは、ドイツに分布する中生代《ちゅうせいだい》ジュラ紀の前期末（約1億8300万年前〜約1億7400万年前）の地層から発見された、あるサカナの化石を報告した。

そのサカナの化石は、長さ45センチメートルほど。頭部《とうぶ》のあたりは少し崩《くず》れているものの、頭部以外の全身はよく保存されていた。

注目すべきは、腹部《ふくぶ》にあった。おそらく胃や腸があっただろうと思われるその位置に、当時の頭足類《とうそくるい》のものとみられるキチン質の〝鉤爪《かぎづめ》〟がいくつも残っていたのだ。その数は、60を超えていた。

よく見ると、鉤爪のある場所は、2か所に分かれていた。1つは、胃があったと想定される場所。もう1つは、腸があったと想定される場所である。後者の鉤爪は一部溶けていて、近くには、まるで腸の形を模したような〝充填物《じゅうてんぶつ》〟があった。

プリクリルたちは、このサカナは、鉤爪のある頭足類を捕食し、その消化中に死亡して化石になったと推測している。すなわち、「胃があったと想定される場所」は、まさに「胃の場所」であり、そこにある鉤爪は、硬《かた》いために消化が遅れていて残ったもの。「腸があったと想定される場所」は、まさしく「腸の場所」であり、そこにある鉤爪と充填物は、消化を終えて肛門からの排出を待つだけの状態だったものというわけだ。

ちなみに、サカナの中にあった鉤爪の〝主《あるじ》〟は、同じ地層から化石が発見されている「フラグモテウティス（*Phragmoteuthis*）」という既知《きち》の頭足類《とうそくるい》と特定された。

プリクリルたちは、腸内にある充填物《じゅうてんぶつ》は「消化がすでに終わったもの」と指摘《してき》している。

つまり、サカナの体内にあるとはいえ、これは実質的にはうんこであり、その化石なのだ。腸内充填物の化石とコプロライトは、ほぼ変わりがないということになる。

そこで、プリクリルたちはこの充填物を「プレ・コプロライト（pre-coprolite）」と呼ぶことを提案した。

同じ年に発表されたフントたちの論文でも、「コプロライト」とその関連物に関する用語の使い方に多くの行が割かれている。

フントたちは、「コプロライト」はあくまでも排泄《はいせつ》されたものを指す用語とした。

そして、腸内にある〝消化済み食物の化石〟を「コロライト（cololite）」としている。

ややこしいのは、かねてより「コロライト」という単語が「漠然《ばくぜん》と」利用されてきてしまったということだ。多くの研究者が納得する定義がない。

そのため、研究者によって、「コロライト」という用語の使い方にはちがいがある。

例えば、プリクリルたちは、「体内に取り込まれた食物の化石」をまとめて「コロライト」と呼んでいる。つまり、プリクリルたちのいう「プレ・コプロライト」とは、コロライトの一部でもある。

一方、フントたちの論文では、プリクリルたちのいう「コロライト」に相当する用語として、「コンシュームライト（comsumulite）」という用語が使われている。また、他にもいくつかの用語も提案されている。例えば、胃の中にある食物が化石となったものに対して、「ガストロライト（gastrolite）」という用語も提案された。

エクイノール（ノルウェー）のダーク・ナウストは、2020年に発表した論文で、コプロライトにまつわる研究がまだ途中であるため、用語を厳密《げんみつ》に定めることができないと指摘している。そのうえで、コプロライトは「排泄物《はいせつぶつ》」、コロライトはいかにコプロライトと似ているとはいえ、あくまでも「まだ体内に残っているもの」であるとして、区別して考えることが重要であることを指摘した。

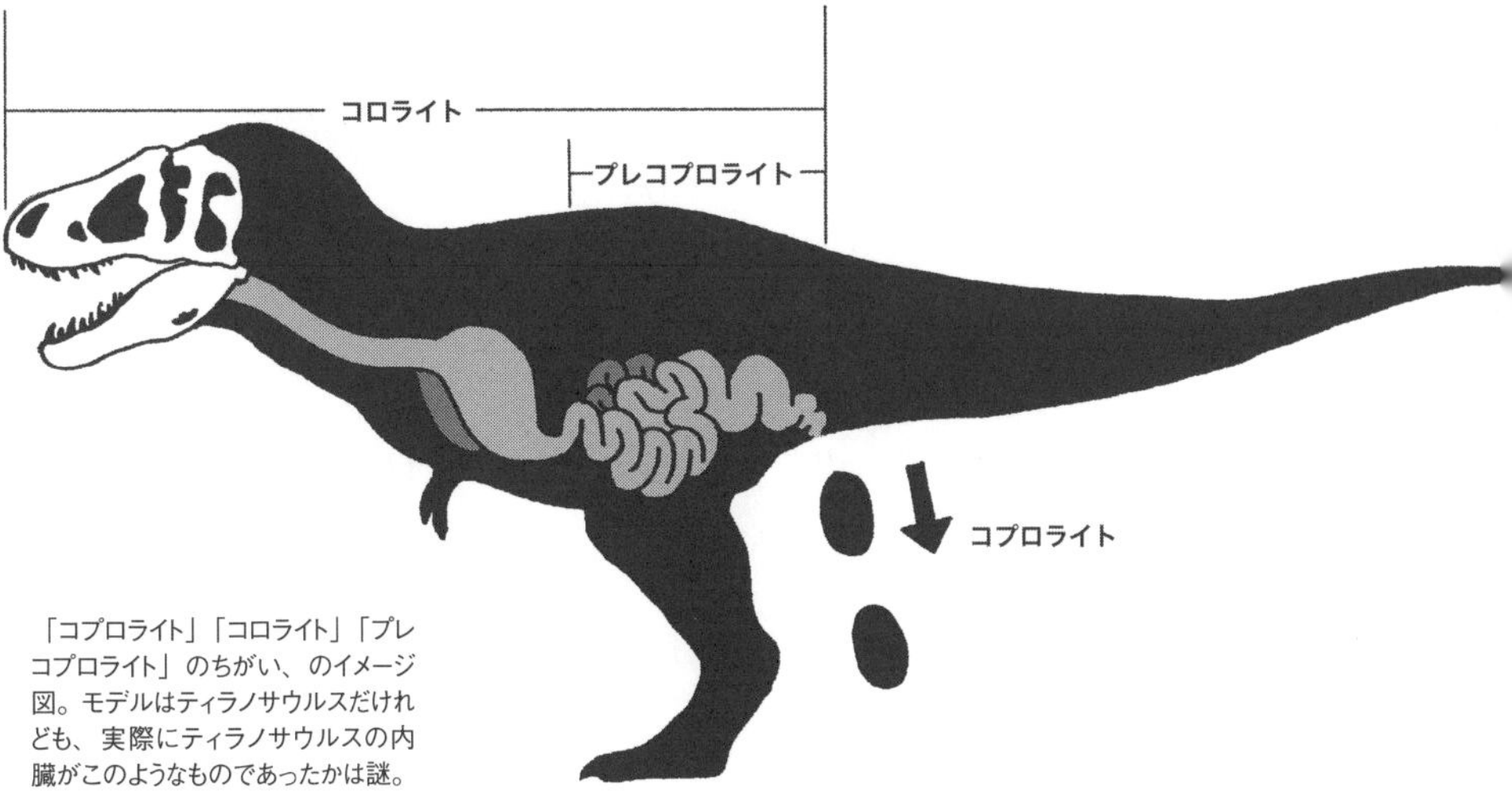

「コプロライト」「コロライト」「プレコプロライト」のちがい、のイメージ図。モデルはティラノサウルスだけれども、実際にティラノサウルスの内臓がこのようなものであったかは謎。

そして、コロライトを細分化《さいぶんか》する用語を決めることに対しては、時期尚早《じきしょうそう》とした。プレ・コプロライトにしろ、コンシュームライトにしろ、ガストロライトにしろ、まだ細分化した用語をつくる段階まで研究は進んでいない、というわけだ。

同時に、ナウストは、無脊椎動物《むせきついどうぶつ》のコプロライトとコロライトが、脊椎動物《せきついどうぶつ》のそれと同等に重要であることを指摘《してき》するとともに、その研究が遅れていることも課題として挙《あ》げている。視点を変えれば、これらの点は、うんこの化石にまだ多くの〝研究挑戦領域《けんきゅうちょうせんりょういき》（フロンティア）〟があることを意味している。

本書では、これより後ろの本文の記述において、とくに断りのない限り、「うんこ（排泄物《はいせつぶつ》）の化石」のことを「コプロライト」と表記し、体内にある（正しくは、「あったとみられる」）食べ物の化石を「コロライト」と表記するとしたい。ただし、必要に応じて、「うんこの化石」という言葉も併用《へいよう》していく。

第3節　恐竜《きょうりゅう》たちの最後の晩餐《ばんさん》

コプロライトの〝主《あるじ》〟を特定することは、難しい。

しかし、コロライトであれば、〝主〟の特定は比較的《ひかくてき》簡単だ。なにしろ、体内にある。コロライトは、「〝主〟の特定」という意味で、コプロライトよりアドバンテージがある。そのアドバンテージの先で研究者はさまざまな推理を展開してきた。

肉食恐竜の胃は、〝2部屋式〟？

ダスプレトサウルス（*Daspletosaurus*）という恐竜がいた。中生代《ちゅうせいだい》白亜紀《はくあき》の後期《こうき》にあたる約8000万年前から約7200万年前のカナダに生息していた肉食恐竜だ。大きな個体は全長9メートルに達した。ティラノサウルスに近縁《きんえん》で、よく似た姿をしていたとみられている。

そんなダスプレトサウルスのコロライトが、2001年にモンタナ州立大学（アメリカ）のデヴィッド・J・ヴァリッキオによって報告されている。

まず注意しなければいけないのは、そのコロライトが「本当にコロライトか」という点だ。「ダスプレトサウルスのコロライト」という字面《じづら》から、横倒《よこだお》しに保存されたダスプレトサウルスの全身化石があり、その腹部にコロライトがある、そんなイメージを抱《いだ》かれてしまうかもしれない。

しかし、そもそも、大型動物の全身が化石として保存されることは稀《まれ》だ。化石となる過程でさまざまな影響《えいきょう》を受けて、化石は壊《こわ》れていく。ダスプレトサウルスも例外ではない。

実際、「ＯＴＭ２００」と名付けられたこのダスプレトサウルスの化石も部分的なもので、肋《ろっ》骨《こつ》や恥骨《ちこつ》といった部位は残っていたものの、頭蓋骨《ずがいこつ》やすべての四肢《しし》など、多くの骨を欠いていた。

そして残った骨もバラバラで、数メートル四方に散らばっていた。

散らばるダスプレトサウルスの部分骨格（ＯＴＭ２００）の中に、ハドロサウルス類と呼ばれる植物食恐竜《しょくぶつしょくきょうりゅう》の背骨と歯の断片が点在《てんざい》していたのだ。この断片化石には、「ＯＴＭ２０１」という標本《ひょうほん》番号が与えられた。

腹部の位置にあるわけでもないハドロサウルス類の断片。

たしかに、「肉食恐竜であるダスプレトサウルスが、ハドロサウルス類を襲《おそ》って食べた痕跡《こんせき》」と考えるのは容易《ようい》だ。

しかし、例えば、ダスプレトサウルスの死んだ場所が、たまたまハドロサウルス類の死んでいた場所だったとしたら？

その逆のケースもあるだろう。つまり、時間差で、同じ場所で、たまたま息絶《いきた》えたとしたら。

どちらが先に死んだ場合でも、両者の化石は重なる。その結果として、ＯＴＭ２００とＯＴＭ２０１の位置関係となったのかもしれない。偶然《ぐうぜん》に。

あるいは、この場所に流されてきた可能性もある。別々の場所で死んだダスプレトサウルスの死体とハドロサウルス類の死体が流されてきて、たまたまこの場所に溜《た》まったのかもしれない。

こうした可能性がある限り、ＯＴＭ２０１がコロライトであるとは限らない。……そもそもコロライトと断定することもできない。

ヴァリッキオは、詳細《しょうさい》な観察によって、こうした可能性を潰《つぶ》していった。

まず、周囲の地質の状況《じょうきょう》だ。それは、池や沼《ぬま》といった水の流れの弱い場所でできた地層だった。

そして、ＯＴＭ２００に目立った破損《はそん》や摩耗《まもう》などはなかった。もしも、水流で運搬《うんぱん》されたのであれば、運搬中に自然につくであろう痕跡がなかったのだ。

こうした状況は、ＯＴＭ２００が水流によって運ばれてきた可能性が低いことを示唆《しさ》している。

少なくとも、池や沼には、ダスプレトサウルスような巨体を運ぶほどの強さの水流はなかったはずだし、仮にそんな水流があったとしても、遠くから流されてきたものではなさそうだ。つまり、ＯＴＭ２００は、この場所、あるいは、この場所のすぐ近くで死んだ可能性が高い。

一方で、ＯＴＭ２０１には、破損が確認された。溶《と》けている部分もあった。ＯＴＭ２００とは状態が異なっていた。

ヴァリッキオは、ＯＴＭ２０１の「溶けている部分」に着目《ちゃくもく》し、それは消化によるものと判断した。そして、消化によるものなのならば、ＯＴＭ２００の胃が消化したものと解釈《かいしゃく》した。

たまたま消化された部位の化石がある場所に、たまたま肉食恐竜の化石があるというよりは、肉食恐竜の胃の中に消化途中のものが残っていた、と考える方が〝自然〟だろう。

こうして、ＯＴＭ２０１をコロライトと判断したのち、ヴァリッキオは〝その先の推理〟を展開する。

ＯＴＭ２０１の骨の断片がそれなりの大きさだったことから、ＯＴＭ２００、つまり、ダスプレトサウルスは、食事に際して、口であまり食物（この場合は、ＯＴＭ２０１こと、ハドロサウルス類の幼体）を「噛《か》んで食べていなかったのではないか」とヴァリッキオは、指摘《してき》している。

第１章第１節で紹介したティラノサウルスのコプロライトに含まれていた骨は、「骨片《こっぺん》」だった。ダスプレトサウルスの場合、骨の粉砕《ふんさい》は〝中途半端《ちゅうとはんぱ》〟だった。近縁《きんえん》であるとはいえ、食事の仕方がずいぶん異なっていたことになる。

口ではさほど噛み砕《くだ》かず、飲み込《こ》んでから筋肉によって砕き、消化液をもって獲物《えもの》を溶《と》かす。

この方法は、現生《げんせい》のワニ類や鳥類などと同じであるという。彼らの胃は、〝化学的消化をおこなう部屋〟と、〝筋肉で物理的に砕《くだ》く部屋〟という2つの部屋で構成されている。ヴァリッキオは、ダスプレトサウルスの胃も同じように2部屋であった可能性を指摘している。

羽毛恐竜の〝吐《は》き戻し〟

コロライトの位置と内容によっては、より細かな生態に迫ることができる場合がある。

その1つの例が、２０１８年に臨沂大学《りんぎだいがく》（中国）のシャオティン・ツェンたちが報告した羽毛《うもう》恐竜《きょうりゅう》（羽毛をもつ恐竜）の化石とそのコロライトだ。

その羽毛恐竜の名前を「アンキオルニス（*Anchiornis*）」という。中国東北部《ちゅうごくとうほくぶ》、遼寧省《りょうねいしょう》に分布するジュラ紀の後期の初頭《しょとう》（約1億６０００万年前）の地層から化石が発見されている全長40センチメートルほどの肉食恐竜である。四肢《しし》に翼《つばさ》をもつ。ただし、翼はもっていても、飛行はできなかったとみられている（当時の羽毛恐竜には、そうしたものが多い）。保存の良い化石が見つかっており、その分析からトサカの色、翼の色などが分析されていることでも知られている。

ツェンたちが報告したのは、コロライトが確認できる6つのアンキオルニスの標本《ひょうほん》だ。このうち、とくに標本番号「ＳＴＭ０—１７９」のコロライトが注目された。

ＳＴＭ０—１７９のコロライトは、アンキオルニスの喉《のど》にあった。前項《ぜんこう》で紹介したダスプレトサウルスＯＴＭ２０１のように部分骨格の中にコロライトが位置しているというわけではない。ＳＴＭ０—１７９は、はっきりと頭部と喉の形状がわかる保存状態の化石で、その喉の位置にコロライトがあったのだ。

それは、「詰《つ》まっている」という表現が正しいかもしれない。

その大きさは、縦7センチメートル、横2・7センチメートルに及《およ》んだ。内容物は、主にトカゲの骨であるという。

シンプルに考えれば、このコロライトは、STM0―179の〝最後の晩餐《ばんさん》〟だ。

大食いをしたのだろうか。

その結果、喉に獲物《えもの》がつまり、呼吸ができなくなって、死んでしまった……ということか。

しかし、ツェンたちの分析によると、このコロライトに含まれるトカゲの骨は、少なくとも3匹分あるという。

3匹のトカゲをいっきに口に入れる状況……。皿の上に3匹がきれいに盛り付けられているわけではない。自然の、野生の、状態だ。

そんな状況で、「3匹まとめて」捕《つか》まえて、「3匹同時に」食べるという状況《じょうきょう》は、ちょっと想像がつかない。

そして、コロライト内のトカゲの骨はバラバラだった。少なくとも、丸呑みにされたものでは

アンキオルニスの喉につまった化石が発見されている。

なさそうだ。

さらに化学分析によると、トカゲの骨成分が周囲に拡散しているという。このことから、トカゲの骨は胃酸による消化を受けたと考えられるという。つまり、のどにあるものでも、一度は胃に到達《とうたつ》していたのだ。

こうした分析の結果、ツェンたちはＳＴＭ０―１７９のコロライトが、現生《げんせい》の鳥類にみられる「ペレット」である可能性に言及《げんきゅう》している。

現生の鳥類には、一度食したものから消化できなかったものをまとめ、口から吐き出すという生態をもつものがいる。この吐き出されたものが「ペレット」である。吐き出すことで、食物が胃にある時間を少しでも短くし、からだを軽くするという。〝軽量化〟は、空を飛ぶ彼らにとって、とても大切だ。

アンキオルニス自身は飛ぶことはできない。ただし、アンキオルニスやその近縁種《きんえんしゅ》が分類されている「トロオドン類」と呼ばれる恐竜グループは、鳥類に近い恐竜類《きょうりゅうるい》である（鳥類は、恐竜類の1グループとして登場した）。ＳＴＭ０―１７９のペレットは、「鳥類の吐き出し」という生態が、まだ飛行できない〝祖先《そせん》〟のうちに備わっていた可能性を示唆《しさ》するものだ。

吐き出しをおこなうためには、それなりの筋肉のある消化器系が必要である。

結果として、トロオドン類の消化器系の進化にも迫《せま》ることができる、ということになる。

もっとも、ＳＴＭ０―１７９のアンキオルニスは、喉《のど》にペレットが詰まった状態で化石になっている。「吐《は》き出し」に失敗して呼吸困難となり、死を迎《むか》えてしまったのかもしれない。……苦しかっただろう。哀悼《あいとう》の意を表したい。

ちなみに、ツェンたちが報告した他のコロライトには、多数のサカナの鱗《うろこ》も含まれていた。トカゲとサカナという異なる獲物《えもの》を食べていたことになり、その生息範囲の広さを知る手がかりとなりそうだ。

一方で、ツェンたちは、サカナの鱗が多数だったからとはいえ、アンキオルニスの主食をサカナと断定することには慎重《しんちょう》だ。

サカナの鱗は消化に対しての耐性《たいせい》が比較的強い。「たまたま食べたサカナの鱗が残り、主食のトカゲ（の肉）はすでに消化してしまった」という可能性も捨てきれない。

鎧竜《よろいりゅう》の食事タイミング

コロライトを分析することで、どこまで情報を得ることができるのだろうか？

徹底的に分析した例として、「ＴＭＰ２０１１・０３３・０００１」と標本《ひょうほん》番号がつけられた「ボレアロペルタ（*Borealopelta*）」という鎧竜類の化石を挙《あ》げることができる。

ＴＭＰ２０１１・０３３・０００１は、「奇跡《きせき》の恐竜《きょうりゅう》」と呼ばれるほど保存の良い標本だ。全長５・４メートルに及ぶとされるボレアロペルタの前半身が立体的に、そして、死んだときのままの姿で保存されていた。カナダに分布する約１億１０００万年前の白亜紀《はくあき》の前期《ぜんき》の終盤の地層から発見された。

コロライトは、ＴＭＰ２０１１・０３３・０００１の腹部に近い位置にあり、やや左に寄った約42センチメートルの範囲に溜《た》まっていた。２０２０年、ロイヤル・ティレル古生物学博物館《こせいぶつがくはくぶつかん》（カナダ）のカレブ・Ｍ・ブラウンたちは、このコロライトを分析した結果を発表した。

ブラウンたちがまずおこなったのは、「それがコロライトであるかどうか」という検証だ。ダスプレトサウルスのときと同じである。たまたま流れてきた物体が、たまたまＴＭＰ２０１１・０３３・０００１の腹部の位置に溜まった可能性を排除《はいじょ》しなければならない。

ブラウンたちは、位置や形状、消化の痕跡《こんせき》など16のチェック項目を自ら設け、そのうちの14項目を満たすことを確認した。これにより、ＴＭＰ２０１１・０３３・０００１の腹部にあった物体は、コロライトであると判断された。

コロライトに含まれていた物体の大半は、植物に由来するものだった。とくにシダ植物の葉が多いことが示《しめ》された。そのシダ植物は、おそらく１種だけ。つまり、このボレアロペルタが、１種のシダ植物の葉を選《え》り好んで食べていたことが示唆《しさ》された。

他にも、少量ながら炭化《たんか》した木片《もくへん》がコロライトの内部に確認された。このことから、ブラウンたちは、おそらく森林火災の直後の森にこのボレアロペルタが生活していた可能性を指摘《してき》している。これは、シダ植物の葉が多いことと矛盾《むじゅん》しない。多くの場合で、森林火災後などの過酷《かこく》な環境下でまっさきに生《は》える植物は、シダ植物だからである。

さらに、コロライトに含まれていた小枝《こえだ》の年輪《ねんりん》も調べられた。その分析から、食事をした季節も「春から真夏の間のどこか」に絞《しぼ》り込まれている。

もちろん、これらが確認されたということは、このボレアロペルタ

は食後にほどなくして死んだということだ。食事から時間が経てば、消化がもっと進んでいたはずである。TMP2011・033・0001が発見された地層自体は、海でできたものだ。つまり、何らかの理由で、その死体は海に流されたことになる。

ブラウンたちはコロライトを分析することで、このボレアロペルタの生きていた環境を見事に読み取った。

約1億1000万年前のカナダに生息していたこのボレアロペルタは、森林火災直後の、焼け野原に近い地域にやってきて、生えたばかりのシダ植物の葉を選《え》り好ん

焼けた森林を歩くボレアロペルタ。こんな光景が、コロライトの分析から予想される。

で食べ歩いた。それは、暖かい季節だった。そして、食後ほどなく、このボレアロペルタは、海へと流されている。濁流《だくりゅう》に飲まれたか、河岸《かし》を歩いている時に足を踏み外したのかは定かではない。その結果、海の地層に遺骸《いがい》が保存され、TMP2011・033・0001となったのである。

寄《き》生《せい》虫《ちゅう》の痕《こん》跡《せき》

体内にある食べ物が化石化した、コロライト。

そのコロライトの中に注目した研究もある。

2016年に、コロラド大学ボルダー校（アメリカ）のジャスティン・ツイートたちが報告した研究は、コロライトの内部構造に関するものだった。ちなみに、ティラノサウルスのコプロライトの研究者の1人であるカレン・チンも、この研究のメンバーだ。

ツイートたちが注目したのは、カナダに分布する約7700万年前の地層から発見された植《しょく》物《ぶつ》食《しょく》恐《きょう》竜《りゅう》の化石だ。

種名は、「ブラキロフォサウルス・カナデンシス（*Brachylophosaurus canadensis*）」。一般《いっぱん》に「カモノハシ竜」で知られる植物食恐竜の仲間（先ほどのダスプレトサウルスの項《こう》で登場した「ハドロサウルス類」のこと）であり、大きなものでは全長11メートルに達するという大型種である。複数の個体が確認されている。ツイートたちが研究対象としたのは、その中でも〝特上〟の保存状態を誇《ほこ》る個体だ。標本《ひょうほん》番号は「ＪＲＦ　１１５Ｈ」。「レオナルド」という通称《つうしょう》が与えられた。

レオナルドは、頭部《とうぶ》から腰《こし》までがほぼ完全に保存されていた。尾《お》も少し離れた場所に確認されている。各関節はつながっており、ほぼ全身に皮膚《ひふ》の痕跡《こんせき》があった。肩の部分には筋肉の痕跡も残されていた。

ツイートたちの興味を引いたのは、その胸部《きょうぶ》（肋骨の内側）と腹部《ふくぶ》にある塊《かたまり》だった。それは、植物片と有機物を含む塊だった。

レオナルドの保存状態と、塊のあった位置、その内容物などから、ツイートたちはこの塊を、胃や腸の内容物、つまり、コロライトである可能性が高いとしている。

注目すべきは、そのコロライトの状態だった。確認されたコロライトは、19個。その19個すべてのごく浅い内部（ほぼ表層《ひょうそう》）に、直径０・３ミリメートルほどの管《くだ》のような構造《こうぞう》が約２８０個もあったのだ。

この管状《かんじょう》構造は、いったい何なのだろうか？

何かの菌類《きんるい》が残したのだろうか？

ツイートたちは、直径０・３ミリメートルいう大きさから、菌類の可能性を否定した。菌類がつくった痕跡だとしたら、大きすぎるのである。

さまざまな可能性が検証された結果、ツイートたちはこの管状構造《かんじょうこうぞう》を、「寄生虫《きせいちゅう》の移動の痕《こん》跡《せき》である」と特定した。

管状構造の形が一定であることから、寄生虫は1種だけであった可能性が高いと判断された。直径0・3ミリメートルというサイズは寄生虫の痕跡として大きい部類に入る。そこで、この痕跡を残した寄生虫は、成虫だった可能性があるとされた。管状構造の壁面《へきめん》に〝引っ掻《か》いた痕跡〟が確認されなかったため、この寄生虫には硬《かた》い顎《あご》や丈夫なあしがなかったと分析されている。

ツイートたちが「この痕跡における最も興味深い特徴《とくちょう》の1つ」としている点は、壁を隔《へだ》てて（共有して）並ぶ管状構造が、少なくとも13ペア確認されたことだ。

もちろん、偶然《ぐうぜん》、痕跡が並んだ可能性もある。ある個体が残した管状構造が最初にあって、その脇をたまたま並走《へいそう》するように同じ個体、あるいは、別個体が通過した。その可能性も捨てきれない。

しかし、13ペアという数字は、偶然にしては多い。

そこで、ツイートたちは、これらのペアを〝意図的に2個体が並走してつくったもの〟だった可能性を指摘《してき》している。そして、並走の目的は、交尾《こうび》のためだったかもしれないという。

コロライトは、白亜紀《はくあき》の恐竜の体内にいた〝寄生虫の愛〟にも、迫ることができるのだ。

胃の中にある石

古生物の消化器官内にあるものが、コロライト《食物の化石》とは限らない。〝ごく普通の石〟もよく見ることができる。

それは、「胃石《いせき》」と呼ばれるものだ。

ボン大学（ドイツ）のオリヴェラ・ウィングスは、２００７年に胃石に関する概要《がいよう》をまとめた論文を発表している。

ウィングスによると、「胃石」とは「動物の消化管内にある、もしくは、消化管内にあった硬い物体」のことだ。直径は、０・０６３ミリメートル以上。無脊椎動物《むせきついどうぶつ》、脊椎動物《せきついどうぶつ》を問わず、現生種《げんせいしゅ》、そして、化石にみることができる。無脊椎動物の胃石は、その体内で合成されている場合が多く、脊椎動物の胃石は外部のものを飲み込んだ場合が多い。多くの場合で単体ではなく、複数個がまとまって確認される。

脊椎動物の胃石について話を進めよう。

周囲の地層をつくる岩石と胃石を見極めることは、そう難しい話ではない。大抵において、胃石となっている岩石の種類は、周囲の地層と異なるからだ。そして、腹部《ふくぶ》（があったとみられる場所）から多数発見される。

なぜ、彼らは石を飲み込んだのだろう?

ウィングスは、胃石の役割を２００７年の論文の中で検証している。その結果、「もっともらしい」と判断されたのは、「食物を消化しやすくするために細かく砕《くだ》くこと、あるいは、すり潰《つぶ》すこと」「ミネラル成分の補給源《ほきゅうげん》」「胃の洗浄《せんじょう》」などである。また、食物と一緒に誤《あやま》って呑《の》み込んでしまった可能性も否定されていない。

実際のところは、古生物学において、胃石の存在は植物食の証拠《しょうこ》とみなすことが多い。これは、「食物をすり潰す」と推定される役割に基《もと》づくものだ。一部の植物食動物は、歯や顎《あご》のつくりが未発達だったため、口で食物を咀嚼《そしゃく》すること（細かくなるまでかみ砕くこと）ができず、丸呑みするしかできなかった。植物は肉とはちがって、消化に時間がかかる。そこで、胃石を使うことによって、そうした植物をすり潰し、消化を促進していたのではないか、というのである。

ウィングスは、「胃の洗浄」などの役割があった可能性も指摘《してき》している。つまり、胃や消化管の内部に残った食物を、胃石によって〝押し出していた〟かもしれない、というのである。

もっとも、胃石の役割が１つに限定されるわけではない。ウィングスは、現生《げんせい》の動物で胃石が確認される場合は、「食物を細かく砕くこと、あるいは、すり潰すこと」と「ミネラル成分の補給源」の役割を同時に果たしている可能性があるという。

水棲動物《すいせいどうぶつ》にとっては、胃石は「バラスト（重り）」だった可能性も指摘されている。２００５

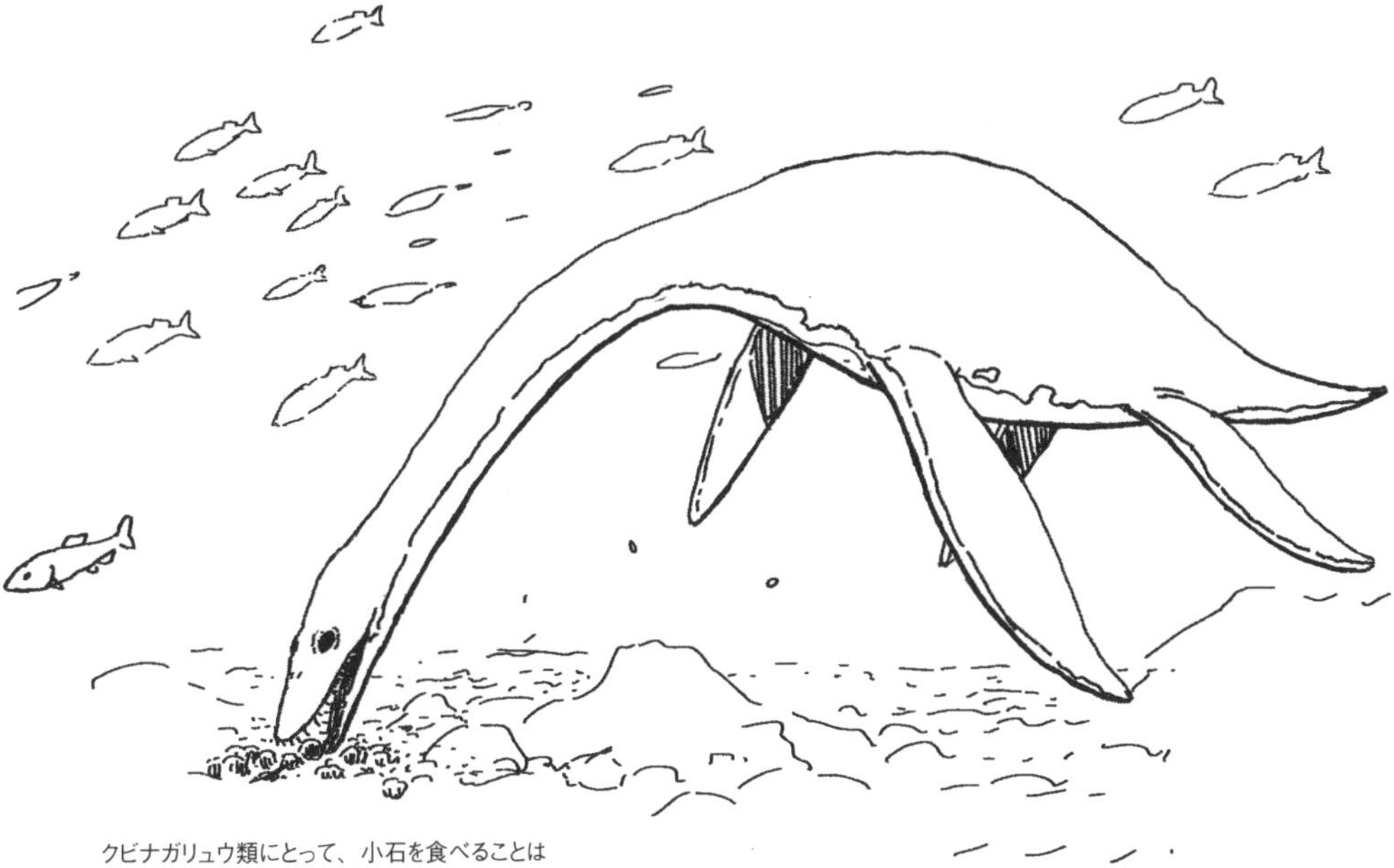

クビナガリュウ類にとって、小石を食べることは
日常的な光景だったのかもしれない。

年にニューキャッスル大学（オーストラリア）のコリン・R・マクヘンリーたちが報告したクビナガリュウ類の胃の内容物には、135個におよぶ胃石が含まれていた。

クビナガリュウ類は、文字通り長い首で、四肢《しし》が鰭《ひれ》となっている海棲爬虫類《かいせいはちゅうるい》だ（ただし、首の短い種もたくさんいた）。日本では、フタバスズキリュウの愛称《あいしょう》をもつ「フタバサウルス・スズキイ（*Futabasaurus suzukii*）」がよく知られている。

マクヘンリーたちが報告した胃石をもつクビナガリュウ類には、胃の内容物、つまり、コロライトもあった。そこに、エビやカニの仲間である甲殻類《こうかくるい》やサカナの鱗《うろこ》などが確認された。そのため、胃石はこうした食物を細かく砕くことに使われていた可能性があるという。

ただし、その破砕《はさい》の度合いが、中途半端《ちゅうとはんぱ》だった。

そこで、マクヘンリーたちは、胃石《いせき》を浮力《ふりょく》調整《ちょうせい》にも使っていた可能性を指摘している。つまり、海底付近の獲物《えもの》を襲《おそ》う際に自身のからだが浮きすぎないように、自ら石を飲み込んでいた可能性があるという。なお、こうした行動は、実際に現生《げんせい》のワニ類にも確認されるとのことだ。

うんこ化石大追跡！
うんこは難しい!!
うんこ化石探偵
ウン・コ・ナンナン
魚竜の化石のお腹から
うんこ化石は元々ヤギの腸内の結石（ベアゾール）に似た変な石くらいのあつかいだったよ
ベアゾール石？
ベアゾールっぽい石！コロライトだったんだ！

●うんこなのか？
②個々の証拠を見てみると？
このへん
あ！
消化痕！
コロライトだ！
①状況証拠を見てみると
肉食恐竜と植物食恐竜の化石が重なっていると、食べられてコロライト化したのか同じ場所で死んだのかパッと見わからない。

状況証拠だけでなく個々の化石をよく見るのが大切なんだなぁ！
●愛の巣コロライト？
ブラキロフォサウルスの体内に残されたコロライトに空いた無数の穴。ソレに巣食う寄生虫の繁殖場であった可能性がある！

……

ブラキロフォサウルス

第4節 三《さん》葉《よう》虫《ちゅう》の腹の中

コロライトは、何も脊椎動物《せきついどうぶつ》の化石だけに確認されているわけではない。

例えば、化石で見つかる無脊椎動物《むせきついどうぶつ》の代表格といえる三葉虫のコロライトもある。

そもそも三葉虫は、「三葉虫類」という節足《せっそく》動物のグループである。水棲《すいせい》だ。生きていた時代は恐竜類よりも古く、その登場は約5億2000万年前の古生代《こせいだい》カンブリア紀にまで遡《さかのぼ》る。その後、1万種を大きく超える多様化をみせ、約2億5200万年前の古生代ペルム紀末まで子孫を残した。

その多様性から「化石の王様」の異名をもつ。

胃の内容物だけが化石として残る

三葉虫類の多くは、「エンロール」と呼ばれる防御姿勢《ぼうぎょしせい》をとる。

その姿勢のイメージは、現生《げんせい》の「ダンゴムシ」が近い。例えば、日本で見ることのできる「アルマディリディウム・ブルガレ（Armadillidium vulgare）」というダンゴムシ。ちょっとした刺激《しげき》を与えると、くるりと丸くなって、防御姿勢をとる。

三葉虫類も同じだ。くるりと丸くなる。丸くなったまま化石となった。そんな標本が数多く見つかっている。

ダンゴムシも三葉虫類も殻《から》は硬《かた》い。とくに三葉虫類の殻は炭酸カルシウム製で、これは二枚貝類の殻と同じである。味噌汁《みそしる》の浅利《あさり》や蜆《しじみ》の殻《から》を確認して欲しい。なかなかの硬さであるはずだ。

ダンゴムシも三葉虫類も、腹側はほぼ剥《む》き出しで、弱点である。丸くなることで、その弱点を守るのだ。なお、ダンゴムシと三葉虫類は同じ「節足動物《せっそくどうぶつ》」という大きなグループに属するけれども、祖先・子孫の関係はまったくない。

もっとも、「丸くなったままの化石」が発見されているということは、その防御姿勢が、その個体の〝最後の瞬間《しゅんかん》〟には、役に立たなかったことを意味している。丸くなっても、生き残ることができなかったからこそ、化石となった。

もしも捕食者《ほしょくしゃ》に防御姿勢のまま食べられたのであれば、そもそも化石が残らない。噛《か》み砕《くだ》かれるか……、消化されるか……。いずれにしろ、捕食されたのであれば、防御姿勢のまま綺麗《きれい》に化石として残る可能性は低い。

したがって、防御姿勢の化石は、何らかの自然現象に巻き込まれたことを示唆《しさ》している。海底で発生した崖崩《がけくず》れなどに巻き込まれたのかもしれない。

防御姿勢の三葉虫類化石が無数に知られている中で、中国科学院のシュージャン・ジューたちは、「ジウメニア・アンフイエンシス（*Jiumenia anhuiensis*）」という三葉虫《さんようちゅう》の防御姿勢標本《ぼうぎょしせいひょうほん》に注目した研究を２０１４年に発表している。

それは、中国東部の安徽省《あんきしょう》に分布するカンブリア紀の地層から発見されたもので、大きさは数センチメートルほどだった。「ＮＩＧＰＡＳ　１５６１５８」という標本番号が与えられている。

注目すべきは、ＮＩＧＰＡＳ　１５６１５８の標本が「不完全」であるということだ。殻《から》の大部分は保存されておらず、その形だけが鋳型《いがた》のように岩石の中に残されていた。

そして、その殻の痕跡《こんせき》の上（内側）にチューブ状の構造が残っていた。

三葉虫類は「中葉」と呼ばれる中軸部《ちゅうじくぶ》に腸がまっすぐ伸びていたことが他の標本《ひょうほん》から知られている。三葉虫類の内臓の大部分は頭部中央部にあり、食物は頭部で消化されたのち、中《ちゅう》軸部《じくぶ》の腸を通って後方へと送られ、その先の肛門《こうもん》から排出《はいしゅつ》される。

ＮＩＧＰＡＳ　１５６１５８に確認されたチューブ状構造は、この三葉虫類……ジウメニア・アンフイエンシスの腸に詰まったものが化石化したもの。そう、ジューたちは判断した。つまり、コロライトである。

分析の結果、このコロライトには、有機物を多く含む堆積物《たいせきぶつ》が詰《つ》まっていた。このことから、ジューたちは、ジウメニア・アンフイエンシスは海底に堆積した有機物を主食としていたとみている。

問題は、「なぜ、コロライトだけが残り、化石として残りやすい硬い殻が消失したのか？」ということだ。

ジューたちは、ＮＩＧＰＡＳ　１５６１５８の殻があったとみられる場所や、コロライトの内部に存在する多数の微小《びしょう》な鉱物《こうぶつ》に注目した。それは鉄酸化物で、形などからもともと「黄鉄《おうてつ》鉱《こう》」という鉱物だったことがわかった。

黄鉄鉱といえば、サイコロ状の結晶《けっしょう》がよく知られている。しかし、実際には細かな粒状《りゅうじょう》の結晶がキイチゴのように集合したものもある。キイチゴ状の黄鉄鉱は、ある種の微生物《びせいぶつ》がつくることで知られている。ＮＩＧＰＡＳ　１５６１５８の黄鉄鉱は、まさにこちらだった。

ジューたちが考えるＮＩＧＰＡＳ　１５６１５８の形成シナリオはこうだ。

生前、このジウメニア・アンフイエンシスは、〝鉄成分〟を含む堆積物を食べていた。食事中か、食事後かは不明だけれども、何らかの危険の予兆《よちょう》……おそらく水流の変化など感知し、防御姿勢をとった。そして、防御姿勢をとったものの、そのまま堆積物に埋没《まいぼつ》して死亡した。

このとき、海水中に含まれていた〝硫黄成分《いおうせいぶん》〟と、腸内に残る〝鉄成分〟を材料に、（おそらく）腸内にいた微生物がキイチゴ状の黄鉄鉱をつくった。黄鉄鉱の成分は、鉄と硫黄だ。そして、このキイチゴ状の黄鉄鉱によって、腸内の有機物が固められ、コロライトとして保存されることになった。

このジウメニア・アンフイエンシスは防御姿勢《ぼうぎょしせい》をとっていたために、すべては殻《から》の内部の擬似的《ぎじてき》な〝閉鎖空間《へいさくうかん》〟で、何に邪魔《じゃま》されることなく進められた。

その後、いつのことかは不明だけれども、閉鎖空間が〝緩《ゆる》んだ〟。それは、自然の風化作用《ふうかさよう》の影響とみられている。風化によって生じた〝隙間《すきま》〟より、殻の内部に水が入ってきた。水をつくる〝酸素成分〟と、黄鉄鉱《おうてっこう》の〝硫黄成分《いおうせいぶん》〟に化学反応が生《しょう》じ、黄鉄鉱が鉄酸化物へと変化したとみられている。同時に、硫酸《りゅうさん》もつくられた。

こうしてできた硫酸が殻の大部分を溶《と》かしてしまった。ただし、この硫酸は、コロライトを溶《と》かすには至《いた》らなかった。

鉄成分を含む有機物という食事の内容、その食事が腸に残っているというタイミング、キイチゴ状の黄鉄鉱をつくる微生物《びせいぶつ》の存在、そして、防御姿勢による〝閉鎖空間〟といったさまざまな条件がそろったことで、この不思議な標本《ひょうほん》がつくられたというわけである。

このジウメニア・アンフイエンシスは、自ら選んで、〝鉄成分に富む有機物《ゆうきぶつ》〟を含《ふく》む堆積物《たいせきぶつ》を食べていたと、ジューたちは指摘している。このジウメニア・アンフイエンシスも、まさか自分の腸だけがこうして残って、古生物学者《こせいぶつがくしゃ》に調べられることになるとは思わなかったにちがいない。

ぎっしりと〝詰《つ》まっている場所〟は、消化管だけではない。

チェコの国立博物館のジャナ・ブルータンスと、プラハ・カレル大学に属するペトル・クラフトが２００３年に発表した論文では、三葉虫類《さんようちゅうるい》の「頭部の殻の中央部」にぎっしりと詰まった小片《しょうへん》群《ぐん》が注目されている。

その小片の形状は円筒形《えんとうけい》のカプセルに近い。サイズに多少のちがいがあるものの、平均すれば、直径約０・３ミリメートル、長さ約１ミリメートルほどだった。

不思議なことに、この小片群のある三葉虫類の化石は、ボヘミア地方に分布する古生代《こせいだい》オルドビス紀（約４億８５００万年前〜約４億４４００万年前）の地層から産《さん》するものに限定されていた。他の地域では発見されていないのである。

三葉虫類は広い海域で長い時代にわたって繁栄《はんえい》していたはず。なぜ、特定の時代の特定の三葉虫類の化石にだけ、その頭部中央部に小片群が詰まっているのか？

この小片群が「卵の化石」であるというのなら、もっと他の時代の三葉虫類の化石にも確認できて良いはずだ。

しかし、そうではない。あくまでも、この地域の、特定の地層から産する化石だけに確認されている。

しかも実は、個々の小片《しょうへん》の大きさには差があった。「直径約０・３ミリメートル、長さ約１ミリメートル」という値はあくまでも「平均値」なのだ。この平均値を大きく上回るものも、下回るものもあった。卵であるというのなら、サイズがここまで不揃《ふぞろ》いというのは不自然だ。

また、「頭部中央部」に詰《つ》まっていることも謎《なぞ》だ。この場所には消化器官があったとされている。場所を考えれば、コロライト《食物の化石》の可能性は否定できない。

しかし、小片群《しょうへんぐん》は「円筒形《えんとうけい》」という形状が保たれていた。先程のジウメニア・アンフイエンシスの例のように、コロライトであるというのなら、なぜ、小片の形が円筒形で維持《いじ》されているのかがわからない。消化の際に、そんな形は失われるはずである。

そして、化学分析の結果は、この小片が海底の泥《どろ》に起源《きげん》があるものではないことを示《しめ》していた。

つまり、小片群で詰まった三葉虫が、海底の堆積を食したものではない。

こうした事情を鑑《かんが》みると、コロライトではないようだ。

ブルータンスとクラフトは、この小片群がコプロライト《うんこの化石》である可能性を指摘《してき》している。

ただし、三葉虫類のコプロライトではない。三葉虫類のコプロライトであるのなら、肛門《こうもん》から遠く離れた位置に詰まっているという状況は不自然だし、そもそも体内にあるのだから、「コプロライト」とは呼べない（第2章第2節参照）。

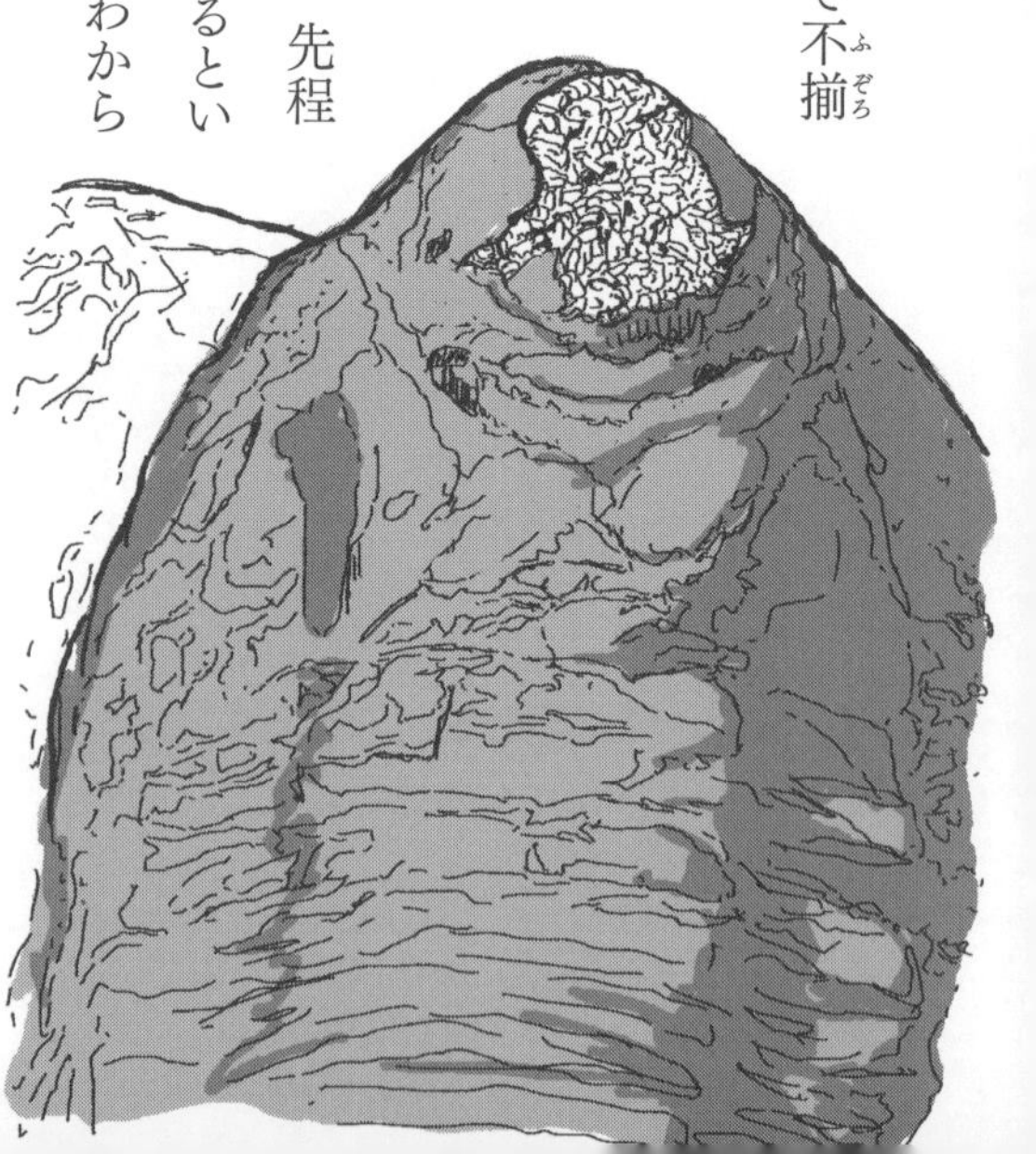

三葉虫類の頭部にぎっしりと詰まった小片群。
Bruthansova and Kraft (2003)を参考に作図。

ブルータンスとクラフトによると、これは三葉虫類の死骸《しがい》を食べた微小生物《びしょうせいぶつ》によるコプロライトであるという。

頭部中央部の殻《から》の裏には、消化器官などの軟《やわ》らかい組織《そしき》が詰まっている。この三葉虫が死んだのちに微生物がその軟組織《なんそしき》を食べ、そして排泄《はいせつ》したものが、殻の中に残されたのではないか、というわけだ。

他の時代、とくに、のちの時代にこうした小片群が確認できないことに対して、ブルータンスとクラフトは「うんこを食べる生物」が出現した可能性を挙《あ》げている。うんこを食べる生物が出現したことで、微小なうんこが食べ尽くされてしまい、微小《びしょう》なうんこの化石《コプロライト》が残らなくなったという。ＮＩＧＰＡＳ　１５６１５８に詰まっていた小片は、うんこを食べる生物がいない時代だからこそのコプロライトというわけだ。

三葉虫類の殻の中にある〝塊《かたまり》〟が、コロライトやコプロライトであるとは限らない。

ウエスタン・イリノイ大学（アメリカ）のトーマス・Ａ・ヘグナたちは、三葉虫類「トリアルトゥルス・イートニ（*Triarthrus eatoni*）の殻の中にある小さな〝金色の塊《かたまり》〟を報告した。

トリアルトゥルス・イートニは、全長数センチメートルほどのからだをもち、アメリカ東部のニューヨーク州から化石が多産することで知られている。その良質な標本《ひょうほん》は、金色の輝きを放ち、さらに、他の産地の三葉虫類《さんようちゅうるい》では溶《と》けて消失している触角やあし、エラなどの軟組織《なんそしき》が確認できるものがあることも有名だ。

金色の輝きの正体は、黄鉄鉱《おうてっこう》である。この産地では、化石が黄鉄鉱化し、その黄鉄鉱に〝保護〟される形で軟組織が残ったのだ。

かねてより、そんな金色の標本《ひょうほん》の中に、長さ0・2ミリメートルほどの小さな塊《かたまり》があることが知られていた。1個体内にその塊は複数あり、形状は楕円形《だえんけい》。場所は頭部をつくる殻《から》の内部で、その縁《ふち》に近い。

ヘンガたちは、まず、長さ0・2ミリメートルというサイズに注目した。

0・2ミリメートルというサイズは、バクテリアのような生物として大きすぎるという。つまり、小片《しょうへん》は何らかのバクテリア本体の化石（体化石）であるとは考えにくい。

次に注目されたのは、位置だ。

同じような塊をもつ標本は複数発見されており、ほとんどの場合でその位置は、場所は頭部の殻の内側で、その縁に近い。

まず、コプロライトの可能性が否定された。三葉虫類の肛門《こうもん》は、尾部にある。そんな場所から排泄《はいせつ》されたうんこが、頭部の殻の内部でコプロライトとなる可能性は低い。

コプロライトの可能性も否定された。塊があるのは、殻の縁に近い場所だ。先ほどのＮＩＧＰ

AS　156158とは明らかにちがう。詰《つ》まっているわけでもない。

そもそも三葉虫類の消化器官は頭部中央部にあり、腸は中葉《背筋》に添《そ》って伸《の》びていたはず。たまたまそうした消化器官が破損して、殻の縁に食物が移動したというのであればともかく、そうでもなければ、塊と消化器官は離れすぎているのである。それに、殻の縁に塊が発見されている標本は1つではない。また、本来の消化器官があったとされる場所からは、その塊が発見されていない。

こうして考えると、体内の食物が化石化したコロライトであるとは考えにくいのだ。

ここで、ヘンガたちは、現生《げんせい》のカブトガニの雌《めす》を手がかりとする。現生のカブトガニの雌は、頭部の縁から卵を放つ。

カブトガニと三葉虫類の間には、祖先《そせん》・子孫《しそん》といったつながりはなく、大きさも生きていた場所も（もちろん時代も）異なる。「硬い殻をもつ」という特徴は同じだけれども、その殻の数も形も同じではない。ただし、両者は近縁であるとされる。

これらの手がかりをまとめ、ヘンガたちは「塊は卵」と判断した。三葉虫類の繁殖器官《はんしょくきかん》に関しては謎《なぞ》に包まれているけれども、どうやら卵を頭部に抱《かか》えて暮らしていたらしい。

コロライトでもコプロライトでもなく、「卵」。これもまた、体内に確認されるものの1つだ。

第5節 アノマロカリスの腹の中

コロライトは、体内に残る食物が化石化したものだ。

もしもそうした食物が、消化器官にみっちりと詰《つ》まったまま化石になったとしたら……そう、消化器官の形がわかるはず。そんな視点の研究が、リヨン大学（フランス）のジョン・ヴェニエたちによって、2014年に報告されている。

ヴェニエたちが注目したのは、カンブリア紀の動物化石だ。

例えば、アノマロカリス（*Anomalocaris*）である。全長数十センチメートルともいわれるこの動物は、からだの両脇《りょうわき》にひれが並び、頭部の先端には大きな触手《しょくしゅ》（付属肢《ふぞくし》）が2本、そして頭部からは左右に柄《え》が伸《の》びていて、その先に多数のレンズが並んだ大きな複眼をもつという、なんとも不思議な動物だ。

不思議な動物ゆえに、謎《なぞ》も多い。

アノマロカリスやその近縁種《きんえんしゅ》は、カギムシのような姿をした原始的な無脊椎動物《むせきついどうぶつ》から、三葉《さんよう》虫類《ちゅうるい》のような「節足動物《せっそくどうぶつ》が進化する過程で出現した動物」と考えられている。

ヴェニエたちは、こうした動物たちの化石の中から、消化管にコロライトが詰まった標本《ひょうほん》に注目し、その情報をまとめていった。その結果、見えてきたのは、節足動物誕生に至《いた》るまでの〝内面（内臓）の進化〟だ。

原始的な無脊椎動物の消化器官は、単純《たんじゅん》な管状《くだじょう》だ。1本がまっすぐに伸びる。

これに対して、節足動物の消化器官は、その管状の消化管から左右から後方に向かって分岐《ぶんき》が伸びる。その分岐は複雑な構造をしている。「中腸腺《ちゅうちょうせん》」と呼ばれるこの構造を使うことで、節足動物はより効率的に食物を溶《と》かし、吸収しているのだ。

みっちりと詰まったコロライトが示唆《しさ》するアノマロカリスやその近縁種の消化器官は、どちらかと言えば、節足動物に近いものだった。1本の消化管の両脇に、いくつもの嚢状構造《ふくろじょうこうぞう》が並んでいたのだ。カギムシなどよりよほど複雑だが、節足動物ほど複雑ではなかった。

つまり、消化器官の視点から見ても、アノマロカリスたちは「節足動物誕生の一歩前の動物」であることがわかるという。

また、このことは、節足動物誕生に向けて消化器官がより複雑化していったことも示している。

節足動物は、カンブリア紀以降の海で大いに繁栄《はんえい》する。とくに顎《あご》を持った魚（脊椎動物《せきついどうぶつ》）が台《たい》

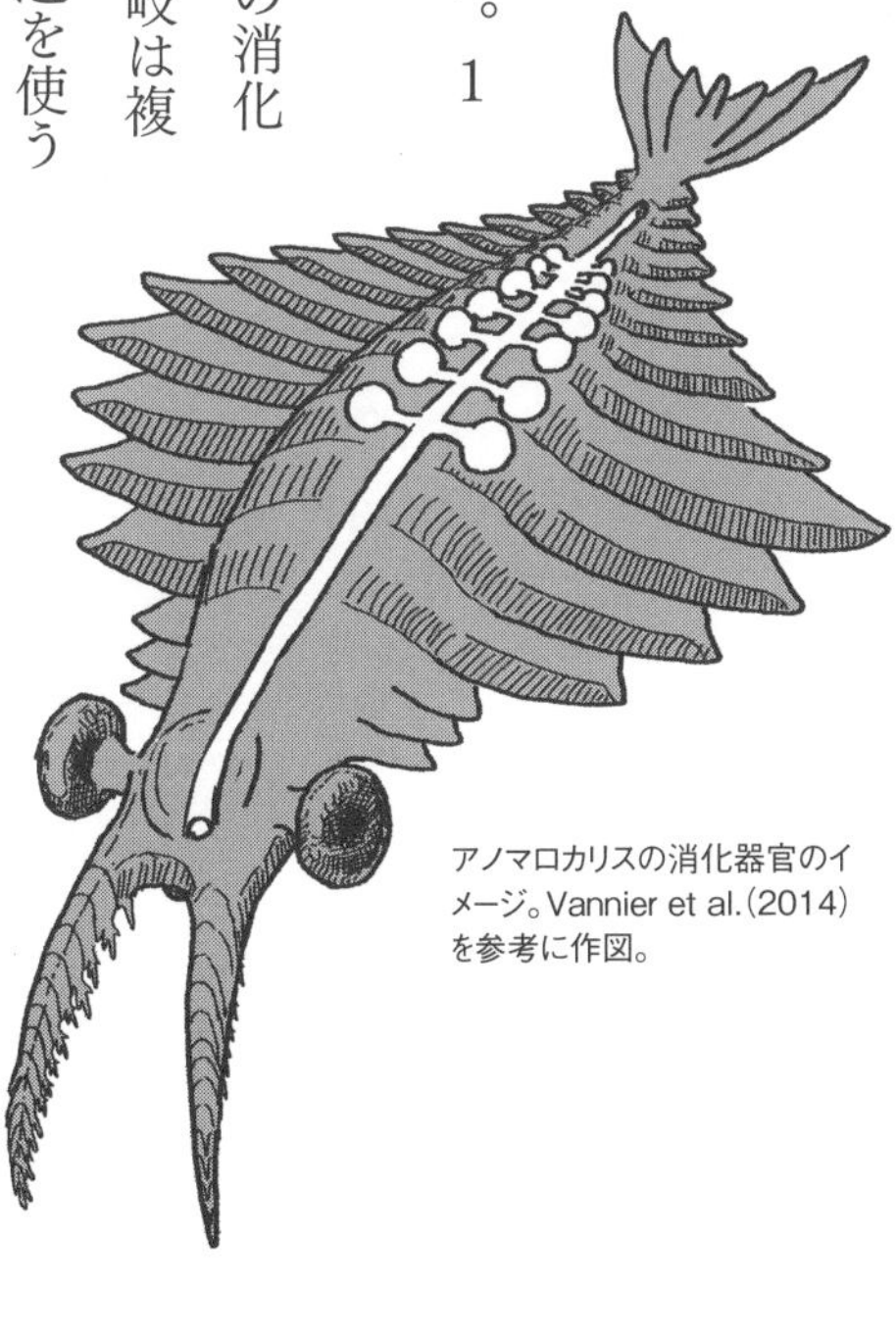

アノマロカリスの消化器官のイメージ。Vannier et al.(2014)を参考に作図。

頭《とう》するまでの間は、海洋生態系《かいようせいたいけい》の最上位を争《あらそ》っていたグループである。魚の台頭後、生態系の最上位の座は脊椎動物《せきついどうぶつ》に譲《ゆず》ったものの、その種の多様性は現在の地球で最大とされる。

そんな動物群の誕生の背景に、消化器官の複雑化が関与《かんよ》していたのかもしれない。消化器官が複雑化することで、消化の効率が上昇し、代謝《たいしゃ》も優《すぐ》れたものとなり、さまざまな点で節足動物は優位を確保したのかもしれない。そんな可能性をヴェニエたちは指摘《してき》している。

コロライトがもたらしたヒントから紡《つむ》がれる、壮大な物語の1つといえるだろう。

第6節 つぶれてお尻から出てしまう……

アノマロカリスのようなカンブリア紀の化石がたくさん見つかる地層として、カナダのバージェス頁岩《けつがん》がある。この地層から発見される動物化石は、三葉虫類《さんようちゅうるい》のような強固《きょうこ》な殻《から》をもつ一部の例外を除いて、ぺしゃんこにつぶれている。

地層の中に、さまざまな姿勢で〝平たく挟《はさ》まれて〟保存されているのだ。

例えば、「マルレラ（*Marrella*）」と名付けられた節足動物だ。

その大きさは、全長2・5センチメートルほど。真上から潰《つぶ》されている標本《ひょうほん》を見ると、概《おおむ》ね逆三角形に近い形をしている。頭部に近いほど左右幅《はば》は広がり、頭部では左右に向かって太いトゲが伸びる。

バージェス頁岩産の化石をまとめているロイヤル・オンタリオ博物館のwebサイトによると、マルレラはこの地から発見された化石の中で最も数（個体数）が多い種の1つだ。その数は、実に2万5000個体以上に達するという。

そんなマルレラの化石の中で、少なくない数が、「黒い染《し》み」をともなっている。特にからだの後端《こうたん》付近《ふきん》にその染みは多い。マルレラほどではないにしろ、こうした染みは、バージェス頁岩から見つかる他の種の化石でも確認されている。

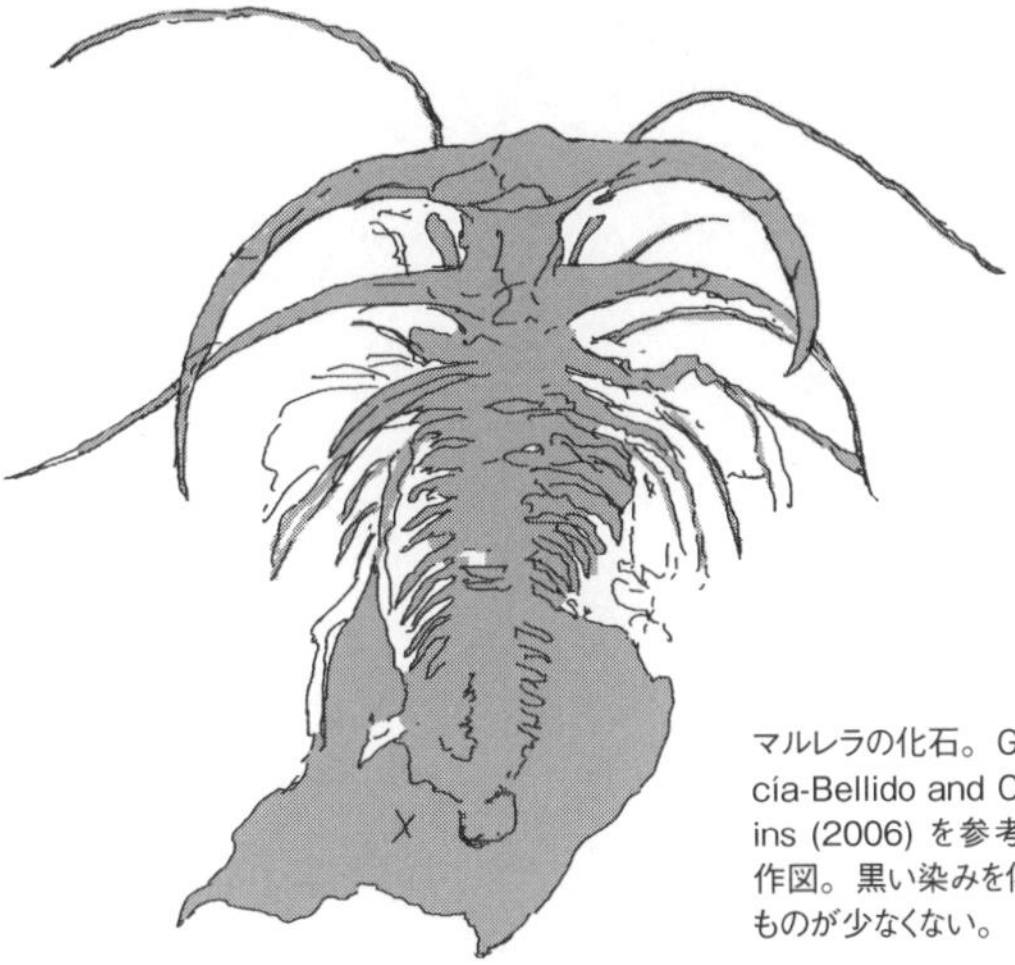

マルレラの化石。García-Bellido and Collins (2006) を参考に作図。黒い染みを伴うものが少なくない。

からだの後端付近にある黒い染み。これは、いったい何か？

ロイヤル・オンタリオ博物館のwebサイトなどでは、この黒い染みが〝腸の内容物〟であると指摘している。化石となる前にぺしゃんこに押し潰され、腸の内容物……つまり、おそらく、食物などが、肛門《こうもん》から出てしまったというのだ。これを「コロライト」と呼ぶべきか（本来は、体内にあったものなので）、あるいは、「コプロライト」と呼ぶべきか（肛門《こうもん》から外に出ているので）、実に悩ましい。いや、一定の形状があるわけではないので、「コプロライト」とは呼べないか……（第2章第2節参照）。

この〝染《し》みの悩ましさ〟は、動物本体の復元にも大きな影響《えいきょう》を与えた。

バージェス頁岩《けつがん》から化石が発見される動物の1つに「ハルキゲニア（*Hallucigenia*）」がいる。

全長3センチメートルほど。チューブ状のからだの一端《いったん》に2つの眼と口をもち、そのからだの下に爪付きのあしが2列になって並ぶ。背中には、合計14本の長いトゲが2列になって並ぶという動物だ。分類群としては、「葉足動物《ようそくどうぶつ》」と呼ばれる原始的な無脊椎動物《むせきついどうぶつ》のグループに属している。

このハルキゲニアは、現在でこそ、〝ちょっと変わっている程度の姿〟をしているが、かつては〝かなり不思議な動物〟の代名詞《だいめいし》だった。なにしろ、「*Hallucigenia*」という名前には、「幻惑《げんわく》するもの」という意味がある。

１９７０年に初めて復元されたその姿は、からだの一端に大きな頭をもち、あしはまるでトゲのように鋭《するど》く、背中に煙突《えんとつ》のような構造が1列に並んでいたのだ。

このとき、〝本来のあし〟は、1列分しか発見されておらず、その先の爪も未確認だった。そのため、2列確認されていたトゲがあしと解釈《かいしゃく》されていた。

また、眼や口も未発見だった。そのため、チューブ状のからだの前後がわかっていなかった。

そこで注目されたのは、からだの一端に見ることができた「黒い染み」だった。ある個体で楕円形《だえんけい》に広がる黒い染みをみて、研究者はそれを「頭部」と判断した。

実際、ぺしゃんこにつぶされた化石自体も黒味を帯びた色をしている。これを頭部と判断しても、むべなるかなのかもしれない。

しかし現在では、この黒い染みは、マルレラなどの化石に見ることができたものと同じとみられている。

腸の内容物が〝染み出たもの〟と解釈されているわけだ。

なにしろ、個体によって黒い染みの形状は異なるし、何よりも、2015年に報告された眼と口（正しくは、歯列状《しれつじょう》構造《こうぞう》）は、染みとは逆にあった。

つまり、頭部と解釈された染みは、肛門の先にあったのである。

状況的《じょうきょうてき》に、マルレラなどの染《し》みと同じなのだ。

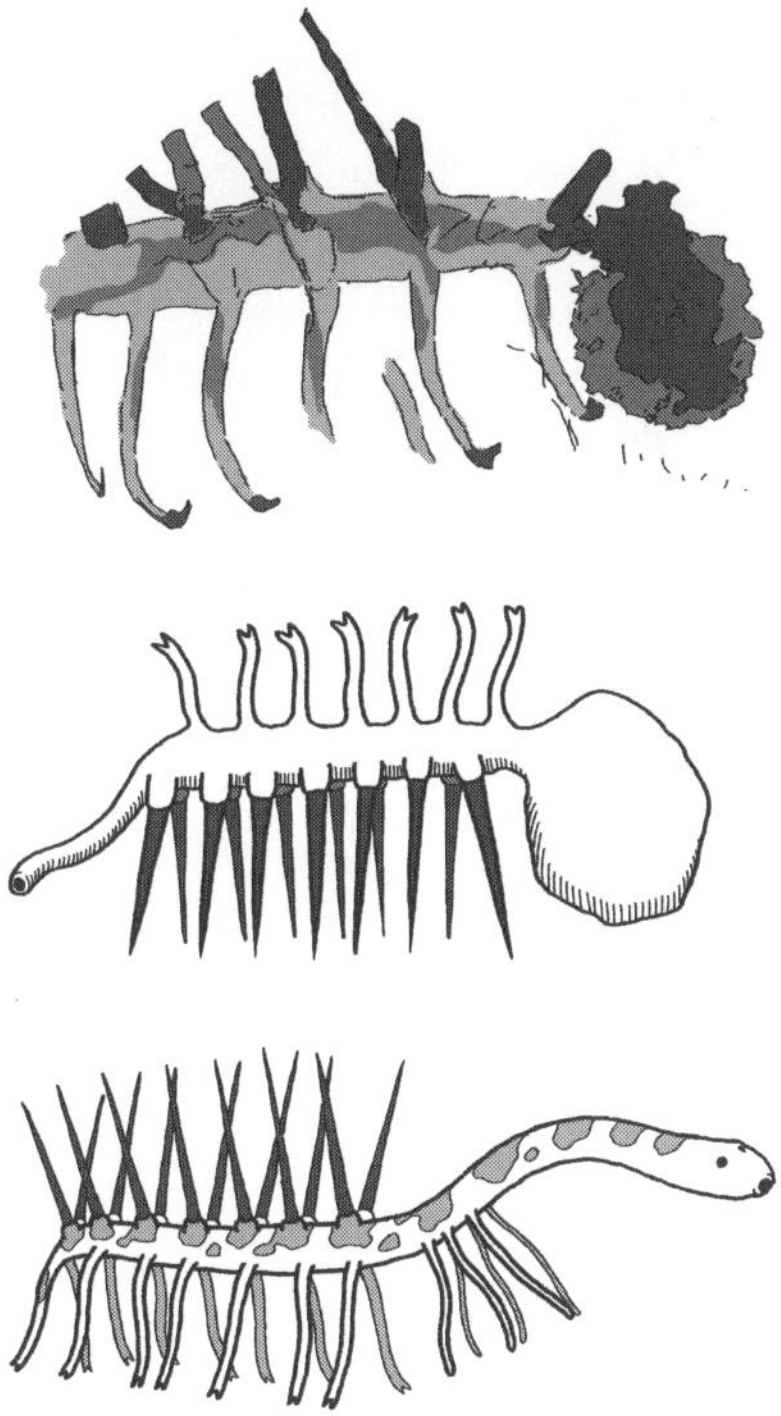

ハルキゲニアの復元の変遷。上段が化石、中段は1970年のもの、下段は2015年のもの。詳細は本文参照。化石は、ロイヤル・オンタリオ博物館のWebサイトを参考に作図。

多くの化石産地では、軟体性《なんたいせい》のからだは化石に残りにくい。しかし、バージェス頁岩《けつがん》では、そんなからだも、からだから出た腸の内容物も、化石に残っているということになる。

現時点で報告されているのは、ここまでだ。しかし研究技術が進歩すれば、染みの内容から彼らの食生活に迫ることができる日がくるかもしれない。

第7節 〝出る〟のは、お尻からとは限らない

動物が体内から食物を出す場所は、何も肛門《こうもん》からとは限らない。第３節で紹介《しょうかい》したように、例えば鳥類は、自分の体重を少しでも軽くするために、消化できなかったものを口から吐き出す習性がある。

また、リオグランデ・ド・スル大学（ブラジル）のアマンダ・ペリン・マルコンとアルト・ウルグアイ・ミッション地域統合大学（ブラジル）のジョアン・ヴィトル・ペリン・アンドリオラは、現代のブラジルに生息するキカタインコ（*Brotogeris chiriri*）が求愛行動の一環として、雄《おす》が食物を吐き出して、雌《めす》に与《あた》えることを２０１６年に報告している。

問題は、そうして口から吐き出された食物が化石となって発見された場合、コプロライトとどのように区別するか、だ。

例えば、アメリカのアリゾナ州に分布する約2億１０００万年前（中生代三畳紀）の地層から、バラバラになった「骨片《こっぺん》の塊《かたまり》」が発見されている。その塊の大きさは、縦《たて》約48センチメートル、横はその半分以下。重さは約４・８キログラム。骨片のサイズは大小さまざまで、ほぼ完全な形状が保たれた指の骨や、破砕《はさい》された骨までさまざまだった。

この骨片の塊は、何なのか？

イェール大学（アメリカ）のカレブ・Ｍ・ゴードンたちは、「ＰＥＦＯ　３８０１０」と標本番号がつけられたこの塊を詳細《しょうさい》に分析《ぶんせき》し、その結果を２０２０年に発表した。

まず、バラバラになった骨片の解析《かいせき》がおこなわれた。

バラバラになっていても、いくつかの骨片は部位を特定できる。そうして特定できた部位に重複がなかったことから、ゴードンたちはＰＥＦＯ　３８０１０を1個体分と判断した。

幸運だったのは、「種の特定」のポイントとなる要素が残っていたことだ。その要素によって、この骨片の〝主《あるじ》〟が「レヴォルトサウルス・カルレンデリ（*Revueltosaurus callenderi*）」という爬《は》虫類《ちゅうるい》と特定された。

骨片群には消化の痕跡《こんせき》があるものの、それが最小限であったことが確認された。電子《でんし》顕微鏡《けんびきょう》の観察の結果、おそらくコラーゲンの繊維《せんい》とみられる構造が骨に残っていた。消化が進んだ骨にはコラーゲン繊維が残ることはほとんどない。

ゴードンたちは、この状況から、骨片群が胃までは届いたものの、胃から先に移動しなかった可能性が高いと指摘《してき》している。

骨片と骨片の間には、リン酸塩《さんえん》の濃度《のうど》の〝異常〟が確認できなかった。第1章の「ティラノサウルスのコプロライト」を思い出してほしい。脊椎動物《せきついどうぶつ》を〝材料〟としてつくられるコプロライトの場合、肥料に利用できるほどにまでリン酸塩の濃度がぐっと高くなる。

もっとも、リン酸塩の高濃度化は、地層の状況《じょうきょう》によっては阻害《そがい》される可能性がある。しかし、それがなかった。骨片群が含まれた地層を詳しく観察しても、リン酸塩の高濃度化を阻害するような化学的な要素は発見できなかった。

こうした諸々の状況から、ゴードンたちはＰＥＦＯ　３８０１０を「吐き出されたものが化石化したもの」と判断している。大型の肉食爬虫類《にくしょくはちゅうるい》によって捕食《ほしょく》されたレヴォルトサウルスの成れの果て、というわけである。このとき、肉食爬虫類は、何らかの理由によってレヴォルトサウルスを十分に消化できずに吐《は》き出した。それが、ＰＥＦＯ　３８０１０であるというのだ。

うんこなのか!? ちがうんか?

コラム

自分のうんこを食べないために

「ウミユリ類」という海棲動物《かいせいどうぶつ》がいる。

「ユリ（百合）」という言葉は使われているけれど、植物の「ユリ（*Lilium*）」ではなく、動物である。ただし、「ユリ」という言葉が示《し》唆《さ》するように、その姿は植物のそれに近い。分類上は、ウニやヒトデと同じ棘皮動物《きょくひどうぶつ》である。現生種《げんせいしゅ》はわずかだが、化石種は豊富だ。とくに古生代後半の海で繁栄《はんえい》した。

ウミユリ類は細い茎《くき》の先にカップ状の萼《がく》があり、萼から腕が伸《の》びる。この腕を使って、水中に漂う微小《びしょう》な有機物をとらえ、萼の上面にある口でその有機物を食べる。

動物であり、「食べる」という行為をする以上、排泄もする。いかに植物に似ているからとはいえ、「出すものは出す」のだ。

では、“出し口”にあたる肛門はどこにあるのか？

実は、口のとなりにある。ウミユリ類の口と肛門は、萼の上面に並んでいる。

お気づきだろう。この位置関係では、1つ間違えば、自分のうんこを食べてしまう。

また、うんこを狙ってやってくる他の動物（例えば、巻貝の仲間）に、萼《がく》に張り付かれてしまうこともある（そうした化石も発見されている）。萼に張り付かれてしまっては、自分の食事もままならない。

そこで、一部のウミユリ類は「アナルチューブ」なるものを発達させている。チューブ状の構造を萼から上に伸ばし、その先にある肛門《アナル》から排泄《はいせつ》をするのだ。

うんこの出し方1つとっても、動物たちの進化を感じることができる例といえるだろう。

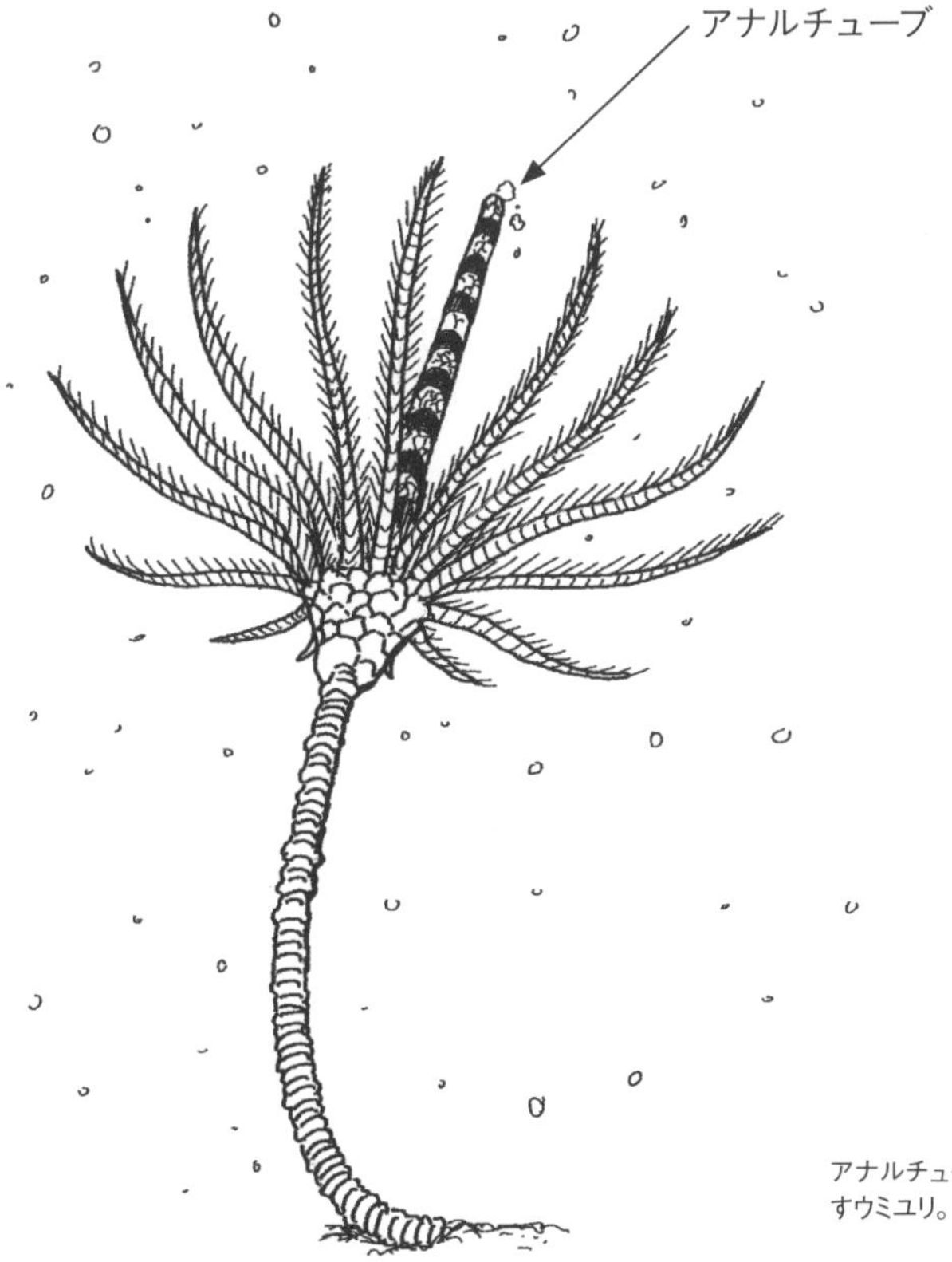

アナルチューブをのばすウミユリ。

こっそり楽しむ
うんこ化石の世界

第3章
さまざまな「うんこの化石」

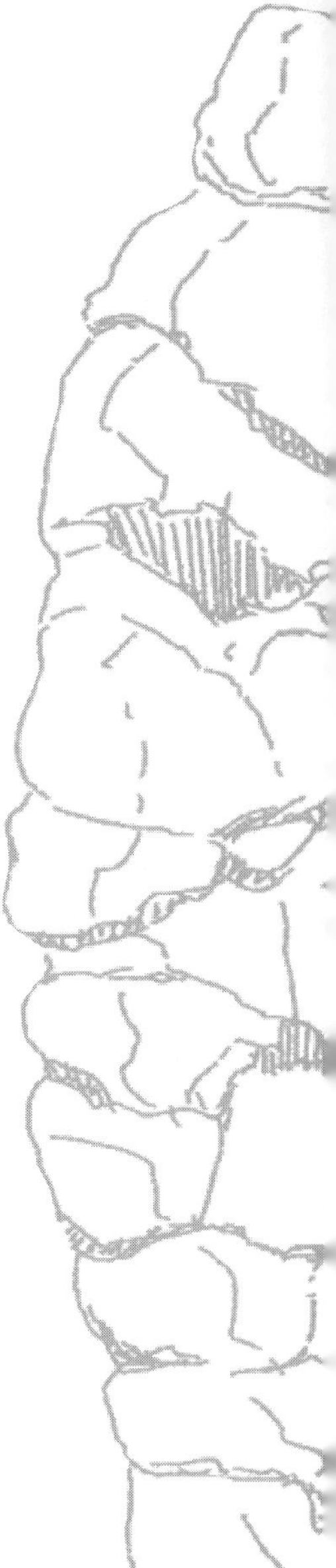

第3章

さまざまな「うんこの化石」

第1節 コプロライトに残る手がかり

かの名探偵《めいたんてい》シャーロック・ホームズは、観察することの重要性を何度も説いている。

「見るべきところを見ないから、たいせつなものをみな見落としてしまうのさ」

コナン・ドイルが著した『花婿《はなむこ》の正体』（『シャーロック・ホームズの冒険』に収録）に登場する名台詞《めいぜりふ》だ。

化石を研究する古生物学《こせいぶつがく》は、探偵学に例えられることが少なくない。手がかりを見つけ、そ

れを解読し、推理を展開していく。第1章と第2章では、その推理の一端《いったん》を紹介《しょうかい》した。コプロライト《うんこの化石》は、まさに「見るべきところ」の塊《かたまり》と言えるだろう。推理の手がかりが詰《つ》まっている（そう、詰まっているのだ。うんこだけに……すみません）。

しかし、「見るべきところ」を知らなければ、ただの岩の塊にすぎない。

第1章で紹介した「ティラノサウルスのコプロライト」の報告者、カレン・チンは、2002年に発表した論文で、コプロライトの「見るべきところ」をまとめている（なお、この間にチンの所属は、コロラド大学ボルダー校へ移った）。

チンによると、コプロライトの「主《あるじ》の特定」は「至難《しなん》の技」だ。第1章で紹介したティラノサウルスのコプロライトは、かなり僥倖《ぎょうこう》だった。珍《めずら》しく手がかりが揃《そろ》っていたのだ。そんな幸運は滅多《めった》にない（そう、うんこだけど、うんはないのだ……すみません）。第2章で紹介したコロライト……体内に残る食物の化石とはちがって、古生物たちが気ままに残したうんこは、「誰が残したのか」という点から推理を展開しなければいけない。

まず最初の「見るべきところ」は、「大きさ」だ。

大きなコプロライトは、大きなうんこからできる。大きなうんこは、大型の動物が排泄《はいせつ》したものだ。

もちろん、大型の動物だって、小さなうんこをすることはある。しかし、その逆はない。極論すれば、小型の動物が自分の体積以上のうんこをすることは絶対にない。小さなコプロライトの〝主《あるじ》〟の体格を推測することは難しいが、大きなコプロライトの〝主〟の体格は絞り込むことができる。

次の「見るべきところ」は、「形」である。

ある種のコプロライトは、独特の形をしている。これは、現生種《げんせいしゅ》のうんこを観察することでもわかる。うんこには、定まった形がある場合がある。つまり、その形が確認できれば、〝主〟の所属分類群を絞り込むことができる。この「形」に関しては、本章でのちに紹介《しょうかい》するので、ご期待いただきたい。

もちろん、「現場の観察」も忘れてはならない。

ホームズの第1作にあたる『緋《ひ》色《いろ》の研究』では、殺人事件現場前の道に残された馬車の車輪痕から犯人を絞《しぼ》り込《こ》んでいく。〝現場の観察〟は、推理の初歩の初歩だ。

すべての化石にとっての「現場」とは、化石が含《ふく》まれていた地層のことだ。もちろん、コプロライトも例外ではなく、コプロライトを産した地層の観察が重要となる。

海でできた地層か、川でできた地層か、陸でできた地層か。

いつの時代にできた地層なのか。

同じ地層、あるいは、その上下の地層から発見されている他の化石はないか。

こうした情報は、〝主〟を絞り込む手がかりとなる。

ただし、注意すべき点も少なくない。

大前提《だいぜんてい》として、すべてのコプロライトが「唯一無二《ゆいいつむに》」であることが挙《あ》げられる。ほとんどの古生物はすでに滅《ほろ》んでいるので、二度と同じ化石がつくられることはない。

コプロライトの細部を調べるための理想的な手法の1つは、物理的、あるいは、化学的にコプロライトを〝破壊《はかい》〟することだ。これにより、内部構造や化学組成がわかる。

しかし、唯一無二の化石に対してそれをおこなうことは難しい。したがって、物理的・化学的な観察は、多くの場合でコプロライトの表面に限られてしまう。

それでも、幸運にも内部を分析することができれば、さまざまな情報を得ることができる。

ウプサラ大学（スウェーデン）のマーティン・クヴァンストロームたちが2016年にまとめた論文によると、コプロライトの内部には、脊椎動物《せきついどうぶつ》の骨の他、筋肉組織《きんにくそしき》、腸内寄生虫《ちょうないきせいちゅう》、昆虫《こんちゅう》の一部、植物、二枚貝の殻《から》などが含まれているという。これらの内包物は、〝主〟が何を食べていたのかを推理するヒントになるし、逆説的に、食事内容から〝主〟を絞り込むこともできるかもしれない。時には、寄生虫さえも保存することがある。

うんこは、条件さえ整えば、特殊《とくしゅ》な化学作用や、細菌の活動などで〝鉱物化《こうぶつか》〟し、化石に残りやすい。そして、うんこには〝主〟よりも〝主に捕食《ほしょく》されたもの〟の情報がより〝つまっている〟ということもあるのだ。

ただし、「昆虫化石《こんちゅうかせき》などは、その取扱《とりあつかい》に注意が必要」とクヴァンストロームたちは指摘《してき》する。昆虫などの小動物は、排泄《はいせつ》されたのちのうんこの中に侵入《しんにゅう》し、そして、そこで息絶えて、化石になった可能性があるからだ。あるいは、たまたま排泄された場所にいて、上から降ってきたうんこに取り込まれてしまったものかもしれない。「うんこの化石」であったとしても、その内部にあるものが、〝主《あるじ》の食生活〟を100パーセント反映するとは限らない。

そして、コプロライトはその性質上、最初から〝データの偏《かたよ》り〟があることが、チンもクヴァンストロームたちにも指摘されてている。

第1に、脊椎動物《せきついどうぶつ》を食べる肉食動物のうんこの方が、植物食動物《しょくぶつしょくどうぶつ》のうんこよりもコプロライトになりやすい。脊椎動物の骨をつくるリン酸カルシウムが、うんこを〝保存されやすく〟するからだ。当然、獲物《えもの》の骨を食べる肉食動物の方がリン酸カルシウムに富むうんこを排泄する。そのため、肉食動物のコプロライトが植物食動物のコプロライトよりも多くみつかったとしても、肉食動物の個体数が植物食動物より多いとはいえない。

また、うんこには、個体レベルの、特定の日の、食生活や体調が反映されやすい。「たまたまその個体が好んでいたもの」や「たまたまその日に食べたもの」がうんこに含まれる。そのため、数個のコプロライトから種全体の食性を推測することに対しては、常に〝危うさ〟がともなっている。

そもそも、うんこがコプロライトとして残る過程はとても複雑で、まだ完全にわかっているわけではない。否、むしろ、謎《なぞ》の方が多い。例えば、気温が高ければうんこは分解されやすいし、雨風でも消えてしまうことはわかっている。しかし、うんこの保存状態を分ける具体的な気温、雨量、風の強さなどが数値化されているわけではない。そのうんこの化石化ともなれば、なおさら謎が多い。

そして、往時《おうじ》のすべてのうんこが化石になるわけではない。これは、古生物全般にいえることだけれども、コプロライトに関してはとくにそれが大きい。

第2節 うんこが崩す「先入観」

推理に「先入観《せんにゅうかん》」は禁物《きんもつ》である。

コプロライトの分析から、恐竜《きょうりゅう》たちの意外な食生活、そして、予想外の食性《しょくせい》を明らかにした研究例を紹介しておこう。

その話をする前に、「草食恐竜はいない」という話題に触《ふ》れておかねばならない。

え？　何を言っているの？　図鑑《ずかん》にはたくさんの草食恐竜《そうしょくきょうりゅう》が描かれているし、新聞は毎年たくさんの新種の草食恐竜の発見を報じているし、博物館には草食恐竜の化石や復元骨格が展示されているじゃないか。

そう思われても無理はない。

しかし、「草食恐竜」はいないのだ（大事なことなので、2度書いた）。かつての地球で繁栄《はんえい》していたのは、「植物食恐竜」である。「草」と「植物」。似たような言葉だし、「草食」を辞書で引けば、「植物食」とほぼ同義で扱《あつか》われている。……だから、「植物食」のことを耳慣れた「草食」で置き換《か》えても間違いではない。

ただしそれは、現生種《げんせいしゅ》に関していえば、だ。

古生物においては、「植物食」のことを「草食」と言い換えると、植物の進化を見逃《みのが》してしまう恐れがある。

そもそも、現代に暮らす私たちが、「草」という文字から連想する植物は、その大半がイネ科に属している。草原、牧草、雑草など、機会があれば、植物図鑑を片手に調べてみるとよいだろう。あれもこれもイネ科のはずだ。

イネ科優勢の現在の植物相《しょくぶつそう》は、生命史でいえば、ごく最近に築かれたもの。恐竜時代にはイネ科の草原も雑草の茂《しげ》みもなかったし、恐竜たちが食べていたのは牧草ではなく、シダ植物や樹木の葉が主体だった。

イネ科の植物は、「プラントオパール」と呼ばれる生体鉱物《せいたいこうぶつ》で〝武装《ぶそう》〟している。そのために硬《かた》い。「草で指を切った」という経験のある人もいるだろう。プラントオパールには、ヒトの肌を〝切り裂《さ》く硬さ〟がある。

現在のウマやウシなどには、〝プラントオパール対策〟がしっかりと〝装備〟されていて、故に彼らは「草食」で生きている。

しかし恐竜類、とくに、全長数十メートル級の超大型種で知られる「竜脚類《りゅうきゃくるい》」というグループには、こうした〝装備〟はない。歯はシンプルな形状で、主な用途《ようと》は「むしりとる」こと。顎《あご》のつくりも咀嚼《そしゃく》には向いていない。

従って、「草食恐竜」は存在せず、基本的には、葉や柔《やわ》らかいシダ植物などを主食とする「植物食恐竜」しかいなかった、とみなされている。

……みなされていたのだが、どうやら、草を食べていた竜脚類がいたらしい。つまり、「恐竜時代にはイネ科の草はない」という〝先入観によるミスリード〟があったかもしれない。

インド、ビルバニサーニ古生物学研究所のヴァンダナ・プラサドたちが２００５年に報告したコプロライトは、そんなことを物語っている。

プラサドが報告したコプロライトは、4個。インドに分布する中生代《ちゅうせいだい》白亜紀《はくあき》の最末期《さいまっき》（約6700万年前）の地層から発見されたものだ。残念ながら、2005年の論文では、そのサイズなどには触れられていない。

しかし、コプロライトが発見された地層から竜脚類《りゅうきゃくるい》の化石も発見されたため、おそらくその竜脚類が残したものと推測された。

このコプロライト分析における肝《きも》は、「〝主《あるじ》〟の特定」ではなく、その「内部」にあった。

4個のコプロライトすべての内部に、イネ科のプラントオパールが確認されたのである。つまり、少なくとも白亜紀末《はくあきまつ》のインドにはイネ科の植物が存在し、おそらく竜脚類がそれを食べていたことが示されたのだ。

これは、植物の進化史と、恐竜類《きょうりゅうるい》の食性の両面から、予想外の発見だった。

もっとも、このコプロライトには、他にもイネ科以外の草本類《そうほんるい》や、針葉樹《しんようじゅ》の化石も含まれていた。プラサドたちは、コプロライトの〝主〟がイネ科を主食としてたわけではなく、手当たり次第に自分の周囲にあった植物を食べていたと推測している。たまたま食べた植物の中に、イネ科も含まれていたというわけだ。やはり「草食恐竜」ではなく、「植物食恐竜」だったということである。

もう1つ、恐竜類に関する先入観を崩《くず》すことになったコプロライトの話をしておこう。チンたちは、アメリカのユタ州に分布する約7600万年～約7410万年前（中生代白亜紀の後期）の地層から発見された15個以上のコプロライトを2017年に報告した。このコプロライトは、10キロメートル四方以上の広範囲《こうはんい》にわたって点在していたもので、厳密にいえば、まったく同じ時代のものではないという。大きさもバラバラだ。小さなものでは、10センチメートル以下の断片状。大きなものでは、1辺が数十センチメートルもあるような塊《かたまり》になっていた。チンたちは、そのサイズに注目した。小さな断片状のものはともかくとして、大きなものは小型の動物が残せるものではない。

コプロライトの表面を観察し、また、一部を薄《うす》く切り出して顕微鏡《けんびきょう》下で観察すると、針葉樹の木片のようなものが確認できた。白亜紀の後期という時代、数十センチメートルというサイズ、内部にあった木片。この手がかりをもとに、コプロライトの〝主〟は、大型の植物食恐竜が候補となった。

幸か不幸か、このコプロライトが発見された地層からは、複数種の大型植物食恐竜の化石が発見されている。ただし、木片のようなものを裁断できる歯と顎《あご》を備える恐竜は限られていた。

こうした情報をもとに、チンたちはコプロライトの〝主〟をハドロサウルス類の恐竜と特定した。

ハドロサウルス類の恐竜は、大きな種では全長10メートルに迫るかという巨体をもち、その歯とあごのつくりは恐竜類《きょうりゅうるい》としてはかなり進化的である。数も多く、当時の北アメリカで最も繁栄《はんえい》していた植物食恐竜のグループでもある。そんな恐竜が、コプロライトの〝主《あるじ》〟と考えられたのだ。

ただし、このコプロライト分析の肝《きも》も、「ハドロサウルス類という〝主〟が特定できたこと」ではない。

木片《もくへん》とともに、「甲殻類《こうかくるい》（エビやカニの仲間）のものとみられる破片《はへん》がいくつも確認できた」ことが注目された。しかも、その破片は、複数のコプロライトに含《ふく》まれていた。個体レベルの好みや偶然《ぐうぜん》によるものではなく、日常的に甲殻類を食べていた可能性が出てきたのだ。

破片は、4ミリメートルの厚さがあるも

ハドロサウルス類は、カニの仲間を「狙って」食べた？ コプロライトから見えてくる生態。

のや、1辺が3センチメートルもの大きさがあるものもあった。チンたちは、こうした破片のサイズから、甲殻類の大きさは最低でも5センチメートルほどだったと推測している。

5センチメートル。

ちょっとした大きさだ。現代日本で暮らす子どもたちの拳《こぶし》ほどの大きさである。チンたちは、この甲殻類は、カニの仲間ではないかと指摘《してき》している。

カニといえば水際に生息するものと思われがちだが、一部のカニは朽ちた樹木を寝床《ねどこ》とする。

コプロライトの内部にあったのは、そうした樹木に暮らす甲殻類ではないか、という。

植物食恐竜であるハドロサウルス類が甲殻類を食べていた。それは、誰も予想していなかった事態だ。

植物食恐竜なのだから、「植物しか食べない」という先入観が崩《くず》れたのだ。

ただし、「甲殻類を狙《ねら》って食べていたのか」という問題が新たに生じる。

木片を食べる際に、たまたまそこにいた甲殻類を、うっかり一緒に食べてしまったのではないか？

チンたちは、同時代・同地域に暮らしていたハドロサウルス類のクチバシの大きさを調べた。その結果、想定される甲殻類の大きさは、クチバシの幅《はば》の20パーセント以上を占《し》めていたことが示《しめ》された。

自分の口幅の5分の1を超えるサイズの獲物《えもの》を「偶然」食べてしまうことがあるだろうか？

少なくとも「つい、うっかり」食べてしまうサイズではないだろう。チンたちは、少なくともこのコプロライトの〝主《あるじ》〟にとって、甲殻類《こうかくるい》は好ましい獲物《えもの》だったと指摘《してき》している。

甲殻類入りのコプロライトが複数あったことから、少なくとも一部のハドロサウルス類に甲殻類を食べていた可能性があるとみられている。植物から得ることのできない動物性タンパク質やカルシウムなどを摂取《せっしゅ》するために、それは都合が良かったのかもしれない。……味については、まったくわからないけれど。

イネ科のプラントオパールや、甲殻類の殻の破片《はへん》の入ったコプロライトがなければ、恐竜類の〝食の多様性《たようせい》〟を見逃すところだったともいえる。

第3節 スパイラルうんこ

コプロライトの形に注目してみよう。

動物の中には、決まった形のうんこを出すものがいる。

例えば、現生《げんせい》のシカの仲間は、ちょっと角ばった、艶《つや》のあるうんこを出す。

例えば、現生のウサギの仲間は、エンドウマメのような形のうんこを出す。

例えば、現生のネズミの仲間は、鉛筆《えんぴつ》の芯《しん》のような細長いうんこを出す。

こうしたさまざまな形のうんことその〝主〟を関連づけることができている理由は、もちろん、現生種のうんこだからだ。現生種は、排泄《はいせつ》の現場を見ることができる。変わった形のうんこを見つけた時、そのうんこの〝主〟を関連づけることはそれほど難しくない。

さて、コプロライトにも、実は「決まった形」のあるものがある。

さまざまな時代の海でできた地層から見つかるそれは、ラグビーボールのような紡錘形《ぼうすいけい》に近い。もっとも、ラグビーボールサイズにはおよばず、大きさは数センチメートル級のものが多い。そして、単純な紡錘形ではない。その表面にまるでリボンを巻き付けたような、スパイラルな構造が確認できる。くるくるしているのだ。

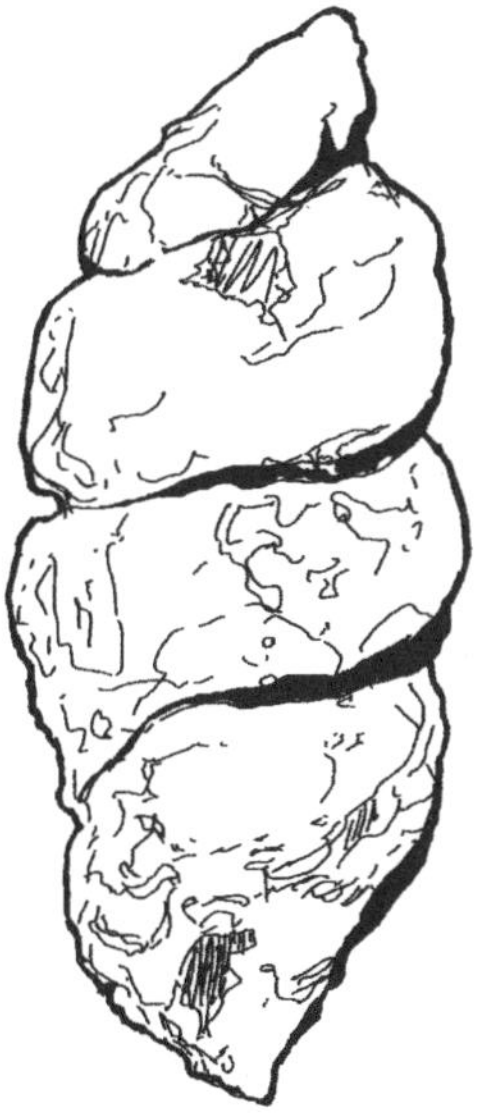

スパイラル・コプロライトのイメージ。螺旋構造がある。Schwimmer et.al. (2015)を参考に作図。

内部を調べると、骨の破片《はへん》が含まれていることが多い。成分としては、リン酸カルシウムに富《と》んでいる。

この〝スパイラルうんこ〟の〝主〟は？

それはどうやら、軟骨魚類《なんこつぎょるい》らしい。つまり、サメの仲間である。

なぜ、スパイラル構造ができるのかといえば、それが軟骨魚類《なんこつぎょるい》の腸内のつくりだからとされる。食物が腸内を進むうちに、スパイラル構造がつけられたわけだ。紡錘形《ぼうすいけい》に近い理由は、ある意味自然なことで、出し始めと出し終わりで細くなったと解釈《かいしゃく》できる。

実は、スパイラルなコプロライトの〝主《あるじ》〟が軟骨魚類ということは、化石から確認されている。カンサス大学（アメリカ）のミカエル・Ｅ・ウィリアムスが１９７２年に発表した論文では、ある軟骨魚類の肛門《こうもん》近くに残されたコロライトが報告されており、そこにスパイラル構造を見ることができた。この軟骨魚類は、うんこを排泄《はいせつ》することなく死んだためにコロライトが残ったけれども、排泄に成功していたらそれはコロライトではなく、コプロライトになったはずだ。

こうした化石の証拠《しょうこ》に加え、実は、実際に現生《げんせい》のサメの仲間のうんこにもスパイラル構造が確認されている。

スパイラルなコプロライトが軟骨魚類のものであることは、どうにも確かであるようだ。

サメの仲間には、非常にシンプルな食事方法を採用しているものが多い。「噛《か》んで」「飲む」。ただそれだけ。鋭《するど》い歯は、獲物《えもの》を裁断するためのもの。口で獲物の肉をすり潰《つぶ》したり、骨から肉を切り離したり、骨を噛み砕《くだ》いたり、そんな〝面倒なこと〟はしない。いわゆる「丸《まる》呑《の》み」である（もちろん、サメの仲間のすべてが同じ食事方法を採用しているわけではない）。

そのため、スパイラル構造のあるコプロライトの内部には、しばしば骨がまるっと残されている。

２０１５年にコロンバス州立大学（アメリカ）のデイビッド・Ｒ・スイマーたちが報告した大きさ３・４センチメートルほどのコプロライトには、カメの頸椎《けいつい》（首の骨）が６個も含まれていた。しかも、そのうちの４個は関節したままだった。

このコプロライトの形状は、紡錘形を崩《くず》したような形だった。表面は少し崩れていたけれども、スパイラル構造が確認できたことから、サメの仲間のものと特定された。このコプロライトは、アメリカのサウスカロライナ州に分布する約８０００万年前（白亜紀《はくあき》の後期《こうき》）の地層から発見されたもの。この地層からは、多数のサメの仲間の化石が発見されている。

スイマーたちは、コプロライトの〝材料〟となったカメは、まだ幼体だったと推測した。なにしろ、３・４センチメートルほどの小さなコプロライトに６個も頸椎が入るというサイズである。最も大きな頸椎でも４・５ミリメートルほどしかない。スイマーたちは、幼体は幼体でも、このカメは孵化《ふか》したばかりだったのではないか、としている。

海岸で孵化し、必死に歩いて海へ入った。その瞬間に襲《おそ》われたのではないか、というわけだ。

第4節 セグメントうんこ

スパイラルなコプロライトと似て非なるものとして、〝セグメント・コプロライト〟がある。セグメント、つまり、「区分け」だ。いくつもの節に区分けされているように見える。そんなコプロライトが多数発見されている。

セグメント・コプロライトは、軟骨魚類《なんこつぎょるい》のコプロライトと同じく、海でできた地層から発見されている。フライング・ヘリテージ・コレクション（アメリカ）のアドリアン・Ｐ・フントと、ニューメキシコ自然史科学博物館（アメリカ）のスペンサー・Ｇ・ルーカスが２０１８年に報告したコプロライトも、セグメント構造のあるコプロライトに分類される。

フントとルーカスが報告したコプロライトは、カナダのサスカチュワン州に分布する白亜紀《はくあき》の後《こう》期《き》の海でできた地層から発見されたもので、複数個あった。形状はいずれもやや不格好な円柱型。一方の端《はし》は丸みを帯び、もう一方の端はや

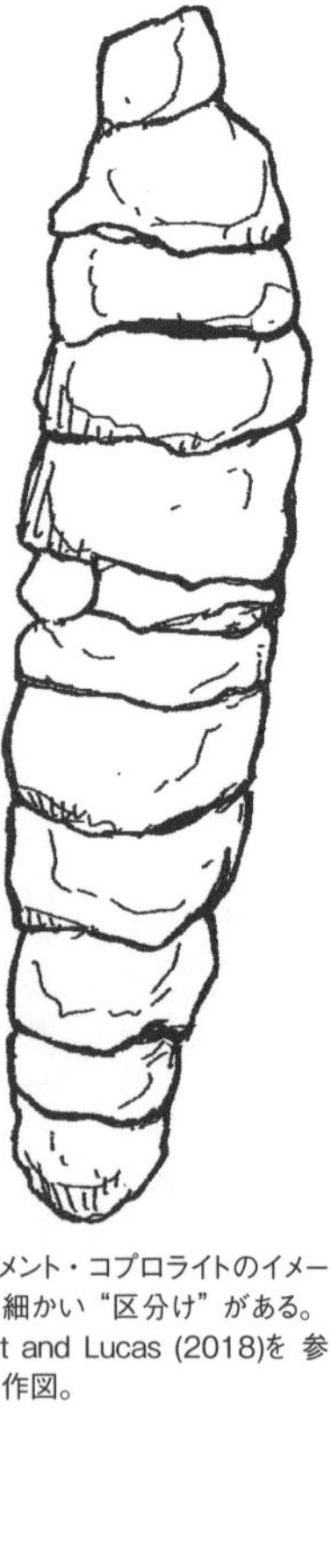

セグメント・コプロライトのイメージ。細かい“区分け”がある。Hunt and Lucas (2018)を参考に作図。

や尖《とが》っていた。大きさに多少のちがいがあるものの、最も大きなもので長径が17センチメートルに達する大きなものだった。現代日本人の成人男性の拳《こぶし》2個分だ。そして、最大で12個ものセグメントがあった。

電子顕微鏡《でんしけんびきょう》を使った観察の結果、そのコプロライトには細菌《さいきん》が残した痕跡《こんせき》が確認された。その一方で、骨片《こっぺん》や植物片は確認されなかった。細菌の存在は、このコプロライトが「たしかにコプロライトである」という証拠の1つになる一方で、骨片や植物片もないことから肉食動物のものとも、植物食動物のものとも特定できなかった。

しかし、フントとルーカスは、セグメントのあるこうしたコプロライトは、モササウルス類ものと推測している。

モササウルス類は、白亜紀の後期に世界中の海で栄えた爬虫類《はちゅうるい》である。日本でも北海道をはじめとして和歌山県などからも化石が発見されている。分類上は、トカゲの仲間である有鱗類《ゆうりんるい》に属するものの、現生のトカゲとはちがって完全に水棲適応《すいせいてきおう》していた。四肢《しし》は鰭《ひれ》となり、その尾《お》にも鰭があった。映画『ジュラシック・ワールド』のシリーズに登場する巨大な海棲爬虫類《かいせいはちゅうるい》、といえば、「あ、あれか」と思われる方もいるかもしれない。大きな種では、その全長は15メートルを超《こ》えたとされる。

セグメントのあるコプロライトが発見された地層からは、他にも多くの海棲脊椎動物《かいせいせきついどうぶつ》の化石が発見されている。コプロライトの主《あるじ》として考えられるのは、そうした海棲脊椎動物《かいせいせきついどうぶつ》のいずれかだった。そして、「大きなうんこは、大きな動物しかしない」という原則に則った場合、そのサイズ感を満たす海棲脊椎動物として、モササウルス類が挙《あ》げられたのである。「大きさ」という点では、大型の軟骨魚類《なんこつぎょるい》の化石も発見されているものの、該当《がいとう》のコプロライトの構造はあくまでも「セグメント」であり、「スパイラル」ではなかった。そのため、軟骨魚類の可能性は除外《じょがい》された。

フントとルーカスが報告したものだけではなく、モササウルス類の化石が発見される地層からは、セグメントのあるコプロライトがいくつも報告されている。ものによっては「不格好な円柱型」というよりは、「不格好な球型」もあるが、セグメントに分かれている点は共通していた。フントとルーカスは、セグメント構造こそが、モササウルス類のコプロライトであることを示す典型的な特徴《とくちょう》としている。

残念ながら、小型のコプロライトに関しては、依然《いぜん》として〝主〟特定の手段がないものの、大型のコプロライトであれば、その大きさから〝主〟を絞《しぼ》り込《こ》むことができる。そして、表面に確認できる構造がスパイラルならば、それは軟骨魚類のコプロライト、セグメントならば、モササウルス類のコプロライトである可能性が高い。

なお、フントとルーカスが報告したコプロライトに骨片《こっぺん》は確認されなかったが、ひょっとしたら骨は消化されてしまったのかもしれないし、そもそも、骨ごと獲物《えもの》を食べる生態ではなく、骨から肉を裂《さ》いて食事していたのかもしれない。

第5節 〝広がる〟のうんこと、〝三日月〟を含むうんこ

コプロライトは、「うんこの化石」だ。

私たちが日常的に眼にする（？）うんこがそうであるように、化石となる前のうんこは必ずしも硬《かた》くない。だから、必ずしも、推理の決め手となるような形が維持《いじ》されているとは限らない。

オーストラリア大陸の南西に、カンガルー島という島がある。日本の択捉島《えとろふとう》と沖縄本島《おきなわほんとう》を合わせたくらいの面積をもつ島だ。この島の北岸に「エミュー・ベイ頁岩《けつがん》」と呼ばれる地層が分布している。

エミュー・ベイ頁岩は、約5億１５００万年前〜約5億１０００万年前の古生代《こせいだい》カンブリア紀の半ばの海の地層だ。この時代の地層は、世界的にみて希少《きしょう》である。そして、「カンブリア紀」といえば、生命が爆発的《ばくはってき》な進化を遂《と》げた時代であることから、この地層から産する化石には大

きな注目が集まっている。

1999年に、アデレート大学（オーストラリア）のクリストファー・ネディンが報告したコプロライトは、そんなエミュー・ベイ頁岩《けつがん》から発見された。

そのコプロライトは、やや丸みを残している細長い形状で、長さは約43ミリメートル、幅《はば》は約28ミリメートルだった。2つに分かれていて、一方は殻《から》の断片がまばらであり、もう一方は殻の断片が密集していて粒子《りゅうし》が粗《あら》かった。

ネディンによると、この殻の断片は、全長40ミリメートルほどの三葉虫類《さんようちゅうるい》のものであるという。
「レドリキア・タコーエンシス（*Redlichia takooensis*）」という当地で知られる三葉虫類の特徴がその断片に確認できたのだ。

さて、1つのコプロライトなのに、含まれている断片の密度にちがいが生《しょう》じるのはなぜだろうか？

ネディンたちは、このうんこはより液状の部分が広がりながらコプロライトになったと考えた。つまり、うんこが排泄《はいせつ》され、化石化するまでの間になんらかの理由で〝変形〟したのだという。

……であるとしたら、長さ約43ミリメートル、幅約28ミリメートルというサイズは、このコプロライトの〝真なる値〟ではない。排泄されたうんこのサイズではないということになる。ネディンたちは、断片がまばらな部分はまさにうんこの中で〝より液状の部分が広がってしまった部分〟

で、断片が密集している部分こそがオリジナルと考えた。そのサイズは、長さ約43ミリメートル、幅約15ミリメートルだった。

あなたの親指よりも、きっと、少し短くて細い程度のサイズだ。

さて、ここで問題となるのは、このコプロライトの〝主《あるじ》〟である。長さ約43ミリメートル、幅約15ミリメートルというサイズは、決して、「大きな値」ではない。大きなコプロライトなら、〝主〟を特定し得るかもしれないが、小さなコプロライトでは〝主候補〟が多すぎる。

……ただし、これが他の時代のコプロライトであるというのなら、だ。

このコプロライトが含まれていたエミュー・ベイ頁岩は、カンブリア紀の地層である。実は当時の動物のほとんどは、全長が10センチメートルに満たなかった。そんなサイズの動物たちにとって、ヒトの親指大に近いサイズは、なかなかのものである。

ここでネディンが白羽《しらは》の矢を当てたのが、「アノマロカリス（*Anomalocaris*）の仲間たち」だ。「ラディオドンタ類」と総称《そうしょう》されるこのグループは、カンブリア紀の動物としては珍しく、全長数十センチメートル級の種を擁している。おまけに鋭いトゲを備えた〝触手《しょくしゅ》〟をもつ種が多く、肉食の狩人としてカンブリア紀の海洋世界に君臨《くんりん》していたとみられている。

エミュー・ベイ頁岩からは、推定全長60センチメートル以上というラディオドンタ類の化石が報告されており、ネディンはまさしくこのグループが、このコプロライトの〝主〟であるとした。

なお、ネディンの計算によると、「幅15ミリメートル」が肛門《こうもん》のサイズを反映しているとしたら、そのラディオドンタ類のサイズは全長75センチメートルになるという。

コプロライトの内容物とサイズ、地層の時代から絞《しぼ》り込《こ》まれた〝主《あるじ》〟の例といえよう。

もっとも、実は、ラディオドンタ類が「硬《かた》い殻《から》」を噛《か》み砕《くだ》くことができたかどうかについては、議論があるところだ。もしもラディオドンタ類が、三葉虫類《さんようちゅうるい》の「硬い殻」を噛み砕くほどの力をもっていなかったとしたら、このコプロライトはまだ見ぬ大型種の存在を示唆《しさ》することになるのかもしれない。

一方、コプロライトの大きさや形ではなく、内容物が〝主〟を特定する際に強力な手がかりとなることがある。

エミュー・ベイ頁岩《けつがん》と比べるとずっと新しい約40万年前〜約8万年前の新生代第四紀《しんせいだいだいよんき》更新世《こうしんせい》の地層が、アメリカのフロリダ州南部に分布している。この地層は、当時の浅海《せんかい》でできたものだ。

この地層からは、複数の小さなコプロライトが報告されている。それは、長さ3・5ミリメートルほど、直径0・7〜1・2ミリメートルほどしかない。エミュー・ベイ頁岩からネディンが報告したコプロライトの10分の1にも満たない。

〝主〟を特定し辛い「小さなコプロライト」だ。

中身から主を特定!

コプロライト内は、Gischler et al. (2017) を参考に作画。

2017年、ヨハン・ヴォルフガング・ゲーテ大学（ドイツ）のエバーハルト・ギシュラーたちはこの小さなコプロライトを分析し、その内部に三日月の形をした管状構造が確認できることを報告した。この三日月形の小さな小さな構造は、1つだけではなく、複数個あるという。

一見すると奇妙な構造に見えるかもしれない。しかし、実は現生種《げんせいしゅ》に類似《るいじ》の内部構造をもつうんこをする動物がいることが報告されている。スナモグリの仲間のうんこだ。

スナモグリの仲間は甲殻類《こうかくるい》に属する節《せつ》足動物《そくどうぶつ》で、エビに似た姿をしている。ただし、分類的にはヤドカリの仲間に属する。いわゆる「ハサミ」のサイズが左右で大きく異なることが特徴《とくちょう》だ。文字通り、「砂に潜《もぐ》る」生態をしている。

このスナモグリの仲間のうんこの内部に三日月型の管があるという。約40万年前にはすでに海底に生息していたことがわかっている。

かくして、ギシュラーたちは、このコプロライトの〝主《あるじ》〟をスナモグリの仲間と特定している。内容物次第では、小さなうんこでも〝主〟を絞《しぼ》り込《こ》める例といえるだろう。

ちなみに、スナモグリは腕の一部（ハサミの部分）だけが石灰化《せっかいか》しているので、その部分だけが化石に残りやすく、〝本体〟が化石に残りにくい。そのため、化石の情報は限られているが、ここで紹介した特徴的なうんこ（コプロライト）から、彼らの生息場がわかる。うんこが重要な情報源となり得るのだ。

第6節 それは本当に同じ動物のうんこ？

本章では、コプロライトの形と内容物についての話を中心に進めてきた。しかし、ここで念を押しておかなければならないことがある。

実際のところ、1つの動物種が、まったく同じ形状のコプロライト、まったく同じ内容物のコプロライトを残すわけではないということだ。

2020年にニューキャッスル大学（イギリス）のリサ・マリー・シリトたちが発表した論文では、ヒトのうんこであっても、「丸みを帯びた小さな塊《かたまり》」「小さな塊が集まってソーセージのような形をしたもの」「表面がひび割れていてソーセージのような形をしたもの」「表面がなめらかでソーセージのような形をしたもの」「綺麗《きれい》に割れたやわらかい断片」「ボロボロと崩《くず》れる断片」「ほぼ液状」に大別《たいべつ》されるとした研究が紹介されている。シリトたちによれば、これは、「何を食べたか」のちがいの他、「健康状態」や「年齢」などの影響を受けているという。つまり、同じ個

ヒトのうんこの多様性！

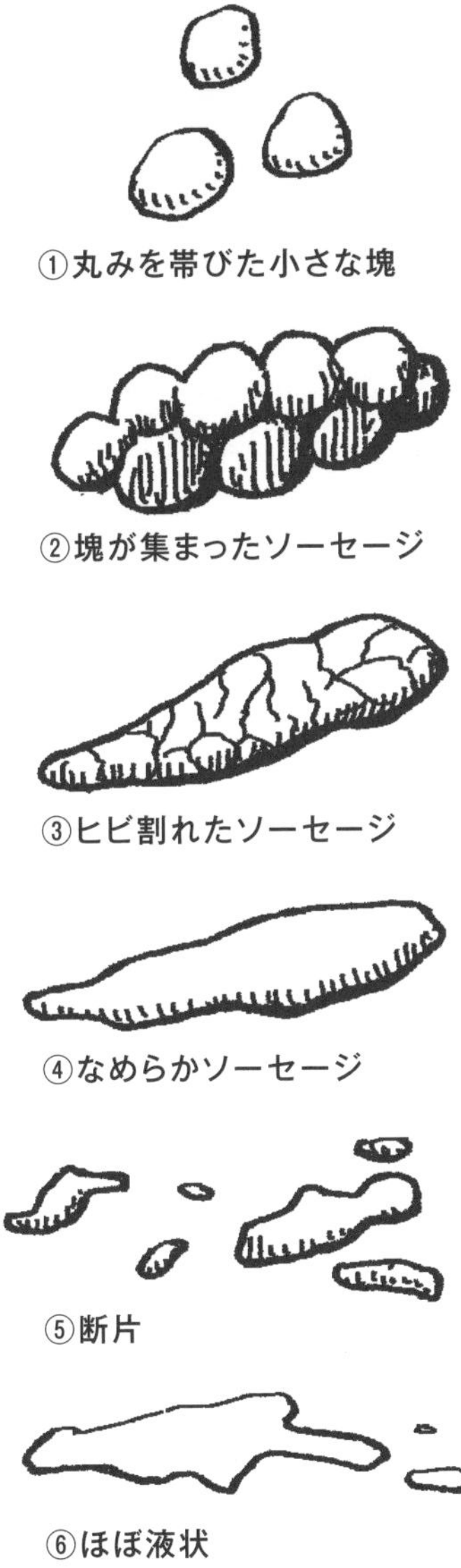

Shillito et.al. (2020)を参考に作画。

体《個人》であっても、異なる形のうんこをする（……当たり前のことだけれど）。

そして、シリトたちがまとめた研究によると、同じ場所で暮らす同じ民族でさえ、同じ内容のうんこをするとは限らないという。例えば、「魚を食べる」という食習慣が共通していても、どんな種類の、どのくらいの大きさの魚を、どの程度の量を食べたのかによって、うんこの内容物は変わってくる。もちろん、ヒトの場合は、調理法による影響《えいきょう》も少なくない。

その意味では、これもまた避《さ》けるべき〝先入観《せんにゅうかん》〟といえるかもしれない。コプロライト1つだけで、種どころか集団、否、個人の食を推測することは、やはり難しいのだ。うんこから種全体の食性を推測するためには、たくさんのうんこを調べるしかない。

一方で、「同じ環境で生きていて、同じものを食べる異なる動物のうんこ」が似る傾向《けいこう》にあることも、シリトたちは指摘《してき》している。例えば、ヨーロッパで発見された1万年以上前のコプロライトの中で、ハイエナの仲間が残したコプロライトと、ヒトのコプロライトの形状はよく似るという。ともに雑食性で、洞窟《どうくつ》を住処《すみか》としていた。

ヒトとともに生き、同じものを食べるといえば、イヌだろう。古来よりイヌは、ヒトの友だった。現代でこそ、イヌ用フードがあり、イヌにとってのNGの食材も知られ、故にヒトの食事をそのまま与《あた》えることは少なくなっている（はず）。しかし、ほんの少し前までは、彼らの食事は、ヒトと同じだった。ヒトの食事を少し多めにつくり、イヌに与えることが当たり前だった時代は、ほんの数十年前まで続いていたのだ。

ヒトとイヌのコプロライトは見分けがつかない場合が多い。そこで、マックス・プランク進化人《しんかじん》類学研究所《るいがくけんきゅうじょ》（ドイツ）のマキシム・ボリーたちは、２０２０年に、コプロライトに含《ふく》まれる遺伝子や腸内細菌《ちょうないさいきん》の痕跡《こんせき》を分析するＡＩ（人工知能）を開発し、発表している。そもそもうんこでは〝主《あるじ》〟の遺伝子、腸内細菌の遺伝子、食物の遺伝子がまざりあい、断片化している。これを〝人力《じんりき》〟で解析することはかなり難しい。そこで、ＡＩである。ボリーたちのＡＩを用いることでヒトとイヌのコプロライトを見分けることができる……らしいが、ボリーたちがＡＩに学ばせたイヌのデータは、ラブラドール・レトリバーとビーグルのものだけであり、まだ改善の余地があるとされている。

いずれにしろ、「見分けのつきにくいコプロライト」があったとき、分類には遺伝子の分析をするＡＩの準備が必要であることも示唆《しさ》している。つまり、異種のうんこであっても、環境が類似《るいじ》すれば、コプロライトが似てしまい、ＡＩを投入しなければ、分析も容易《ようい》ではない。

また、ボリーたちのＡＩは、遺伝子の分析を用いる以上、遺伝子が残っている新しい時代のコプロライトにしか適用することができない。遺伝子は、自然状態では少しずつ〝変質〟し、オリジナルの情報を失っていく。例えば、恐竜時代のコプロライトの内部に、仮に遺伝子が残っていたとしても、それがオリジナルの遺伝子とはいえないのである。

第7節 琥《こ》珀《はく》の中のコプロライト

ここから先は、「一風変わったコプロライト」を見ていこう。

まずは、「琥珀」に注目したい。

そもそも「琥珀」は、木の樹脂《じゅし》が固まったものだ。古来《こらい》より琥珀は、宝石として珍重《ちんちょう》されてきた。そして、１９９３年に映画『ジュラシック・パーク』が公開されると、その内部に封《ふう》じ込《こ》まれた昆虫《こんちゅう》たちの化石が注目されるようになった。近年《きんねん》では、恐竜の尾の一部や、鳥類の頭部、甲殻類《こうかくるい》の精子《せいし》の塊《かたまり》などが琥珀の中に残されていることが報告されている。なお、琥珀の中の動植物も、それが地質時代のものならば、立派な「化石」である。

琥珀の特徴《とくちょう》は、生物を文字通り「封入《ふうにゅう》」していることにある。数千万年前につくられた琥珀であっても、その内部には、当時の生物がそのままの姿で固定されている。ただし、２０１２年に東京大学の更科功《さらしないさお》が著した『化石の分子生物学』によると、「姿」は固定されていても、その内部は干からびていて、遺伝子の抽出《ちゅうしゅつ》などは難しいという。

さて、なにしろ毛の1本、精子の塊まで保存されている琥珀である。うんこがその内部に保存されている可能性もあるのではないか？

２００８年に、フィンランドのマッティ・ヌオルテバとカリ・Ａ・キヌネンは、琥珀の中に昆虫たちが残したうんこがあり、そのうんこの形状から、琥珀ができた当時の動物相《どうぶつそう》を推定できる可能性について述べている。

ヌオルテバとキヌネンが注目したのは、バルト海の琥珀だ。バルト海は北欧にある海で、スカンジナビア半島とヨーロッパに囲まれており、西は北海へとつながっている。このバルト海沿岸では、古第三紀始新世《こだいさんきししんせい》（約５６００万年前〜約３３９０万年前）の琥珀がよく採れる。かつて、バルト海沿岸には大森林が広がり、膨大《ぼうだい》な量の琥珀がつくられた。その琥珀は沿岸の地層に堆積《たいせき》したのち、その地層が波浪《はろう》で洗われたことで琥珀が海へと流出し、そして現在では沿岸に打ち上げられるようになった。

始新世といえば、鳥類をのぞく恐竜類が絶滅してから１０００万年以上の歳月《さいげつ》が経過しており、その意味では生態系はかなり現在のものと似ていた。とくに昆虫類は、現生種《げんせいしゅ》とほぼ同じ種類がいたと考えられている。

ヌオルテバとキヌネンは、琥珀の中にある微小《びしょう》な物質がコプロライトの可能性があると指摘《してき》している。例えば、薄い膜《まく》で覆《おお》われた球体は甲虫《こうちゅう》（カブトムシの仲間）のコプロライトである可能性があるという。もしも、この球体が甲虫のコプロライトであるというのなら、甲虫の本体が琥珀の中に残っていなくても、琥珀がつくられた森に甲虫がいたことが示唆《しさ》される。他にも、キラキラと輝《かがや》く物体は、クモ類のコプロライトである可能性があるという。

もっとも、ヌオルテバとキヌネンのこの論文は、あくまでも「提案」に近い。研究不足であることはヌオルテバとキヌネン自身も指摘《してき》しており、琥珀内のコプロライトを分析し、その〝主《あるじ》〟の特定に成功した例はないという。

ヌオルテバとキヌネンが期待するのは、同じ琥珀の中に、捕食者《ほしょくしゃ》と被捕食者が〝同居《どうきょ》〟している場合だ。昆虫類《こんちゅうるい》は、死闘《しとう》の最中に排泄《はいせつ》することがある。樹液《じゅえき》が迫る中で、捕食者と被捕食者が格闘《かくとう》していれば、その両者、あるいは、どちらかがうんこを出し、そのうんことともに琥珀に閉じ込められた可能性がある。そんな琥珀があれば、コプロライトとその〝主〟を関連づけることができるかもしれない。

そうやって、コプロライトと昆虫の種類を関連づけてしまえば、将来的にはコプロライトだけでも種類を特定できるようになるかもしれないと、ヌオルテバとキヌネンは綴《つづ》る。琥珀を分析することで、より一層、太古《たいこ》の森林のようすに迫ることができるようになるかもしれない。

つぶれたコプロライト
① 48cm
② ③
産まれたて
すこしこわれて
化石化
化石と同じでコプロライトもそのままの形で保存されているとは限らないよ！
●カンブリア紀に48cmのコプロライト
or
?
アノマロカリスか、まだ見ぬ未知の大型生物のコプロライトかも!?
そっくりコプロライト
う――――ん
一万年前のヒト
雑食・洞居ぐらし
一万年前のハイエナ
雑食・洞居ぐらし
どっちがどっちかわかるかな!?
両者のコプロライトはなかなか見分けが難しい。同じような食べもの、暮らしをすればうんこも似るからだ。一昔前のヒトと犬も寝食全てともにしていたのでそのうんこの識別には特別な手法が必要になる。
琥珀うんこ
コハクの中の小さなチリ、実は虫等の小動物のコプロライトかもしれない。
主がいっしょならその暮らしがわかるかも！

第8節 歯形のあるコプロライト

2010年、キャルバート・マリーン・ミュージアム（アメリカ）のスティーブン・J・ゴッドフリーと、アメリカ研究学会のジョシュア・B・スミスは、アメリカ大陸東部のチェサピーク湾で採集した〝奇妙な岩《がん》塊《かい》〟を2つ報告した。

それは、チェサピーク湾の海岸に転がっていた。1つは長さ11・1センチメートル、幅《はば》6センチメートル、厚さ3センチメートルほどの岩塊で、もう1つは長さ13・4センチメートル、幅9・1センチメートル、厚さ4・4センチメートルほどだった。サイズ的には、厚めの文庫本1、あるいは、2冊といったところか。

不思議なことに、この2つの岩塊の表面には、深い切り込みが断続的に並んでいた。綺麗《きれい》に1列に並んでいた。

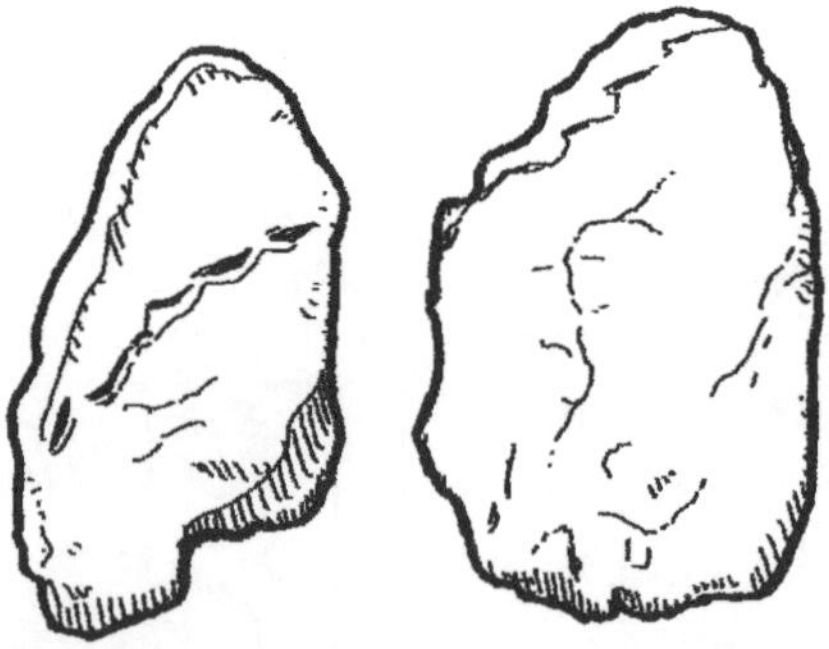
切り込みが並ぶコプロライト（仮）。左の標本では中央付近に、右では上端近くに切り込みが並ぶ。Godfrey and Smith (2010)を参考に作図。

周囲の状況から見て、この2つの岩塊は新生代《しんせいだい》新第三紀《しんだいさんき》中新世《ちゅうしんせい》（約2300万年前〜約5

30万年前）の地層が分布する崖《がけ》から転がり落ちたものと推測された。

ゴッドフリーとスミスは、まず、標本《ひょうほん》の保全《ほぜん》を第一に考えた。

岩塊の正体を調べるには、切断したり、薬品処理をしたりして、物理的・化学的な調査をおこなうことが一番だ。しかしそれは、岩塊を破壊《はかい》することにつながってしまう。

そこで、ゴッドフリーとスミスは崖にあるよく似た岩塊を採集して（ただし、こちらには深い切り込みはない）、薬品に溶《と》かし、化学分析をおこなった。その結果、高濃度のカルシウムとリンが検出された。

高濃度のカルシウムとリン。

肉食性の動物が残すコプロライトによくみられる成分だ。

そして、地層は海で堆積《たいせき》したものだった。

この〝似ている岩塊〟に関する情報をもとに、ゴッドフリーとスミスは2つの〝奇妙な岩塊〟を「海棲《かいせい》の肉食動物が残したコプロライト」と仮定した。

10センチメートル超のコプロライト（仮）を残すとしたら、その〝主《あるじ》〟もなかなかの大きさのはずだ。メートル級以上の海棲動物が〝主の候補〟となる。

いったい、どのような動物が、このコプロライト（仮）を残したのだろう？

コプロライト（仮）の表面には、切り込みはあっても、スパイラル構造はなかった。そのため、〝主〟

がサメの仲間である可能性は低いとみなされた。

中新世《ちゅうしんせい》という時代を考えれば、セグメント構造のコプロライトを残すモササウルス類は最初から選択肢《せんたくし》にあがらない（モササウルス類は、もっと古い時代の動物だ）。

こうして読み解いても、〝主《あるじ》〟に関する手がかりは、ここで途切《とぎ》れてしまう。それ以上は不明だった。ゴッドフリーとスミスの論文では、ワニのイラストがコプロライト（仮）の〝主〟として描《えが》かれている。

一方、ゴッドフリーとスミスは、深い切り込みにシリコンを流し込み、その形状の〝型取り〟をおこなった。すると、2つのうちの1つのコプロライト（仮）の切り込みから、サメ類の歯の形が現れた。

コプロライト（仮）の〝主〟に関しては依然として謎《なぞ》に包まれているものの、少なくともサメ類がこのコプロライト（仮）に歯形をつけていたことが示《しめ》されたのだ。

この〝似ている岩塊《がんかい》〟が含まれていた地層からは、サメ類の化石がいくつか報告されている。シリコンで再現した歯と、そうした化石を比較《ひかく》した結果、この歯形を残したサメ類が、イタチザメの仲間であることが特定された。

問題は、なぜ、コプロライト（仮）にイタチザメの仲間の歯形が残っていたのか、ということだ。コプロライト（仮）、つまり、うんこになぜ、イタチザメの仲間は噛《か》み付いたのだろうか？

ゴッドフリーとスミスは、いくつかの可能性を検証している。

その中の1つは、このイタチザメの仲間が、「糞食《ふんしょく》」をしていたのではないか、ということだ。

糞食は、文字通り「うんこを食べる」生態のことだ。

「え゛」

……ヒクことなかれ。実は、現在でも自然界でウサギやチンパンジーなどにみることができる〝普通の生態〟である。うんこの中に残っている未消化の栄養源が狙《ねら》いだ。

しかし、少なくともイタチザメの仲間が糞食をしていた可能性は低いようだ。ゴッドフリーとスミスは、糞食の可能性をあげると同時に、すぐにそれを否定している。それというのも、現生《げんせい》のイタチザメの仲間を観察する限り、積極的な糞食行動は確認されていないのだ。

何よりも、このコプロライト（仮）の存在自体が糞食を否定している。

糞食をするのであれば、せっかくうん《獲物》こに噛み付いたのに、それを離してしまった理由がわからない。歯形を残すほどガブリとやったのであれば、あとは、ゴクンと飲み込むだけのはずだ。せっかくの食料を見逃《みのが》してしまう理由がない。

こうした可能性の中で、ゴッドフリーとスミスが重要視するのは、実はこれがコプロライトではなく、コロライトだったという見方である。

つまり、イタチザメの仲間はうんこに直接噛み付いたのではなく、獲物の腹部に噛み付いた時に、その歯は獲物《えもの》の肉を貫通し、腸内にあった〝排出前《はいしゅつまえ》のうんこ〟にも歯形を残した、というものである。ちょっとエグい場面が浮《う》かび上がる。

この場合、その後のシナリオは2つ考えることができる。

1つは、噛《か》みつかれつつも、〝主《あるじ》〟は逃《に》げることに成功し、その後、歯形付きのうんこを排《はい》泄《せつ》した。それがこれらのコプロライトとなった。

もう1つは、この〝主〟はイタチザメの仲間の餌食《えじき》となったが、イタチザメの仲間は食事を進めていく中で腸内にあった〝排出前のうんこ〟を無視《スルー》した。うんこ以外を食べ尽《つ》くした結果、これがコロライトとして残った。

ゴッドフリーとスミスは後者《こうしゃ》の可能性を支持《しじ》している。

いずれにしろ、コプロライト（もしくは、コロ

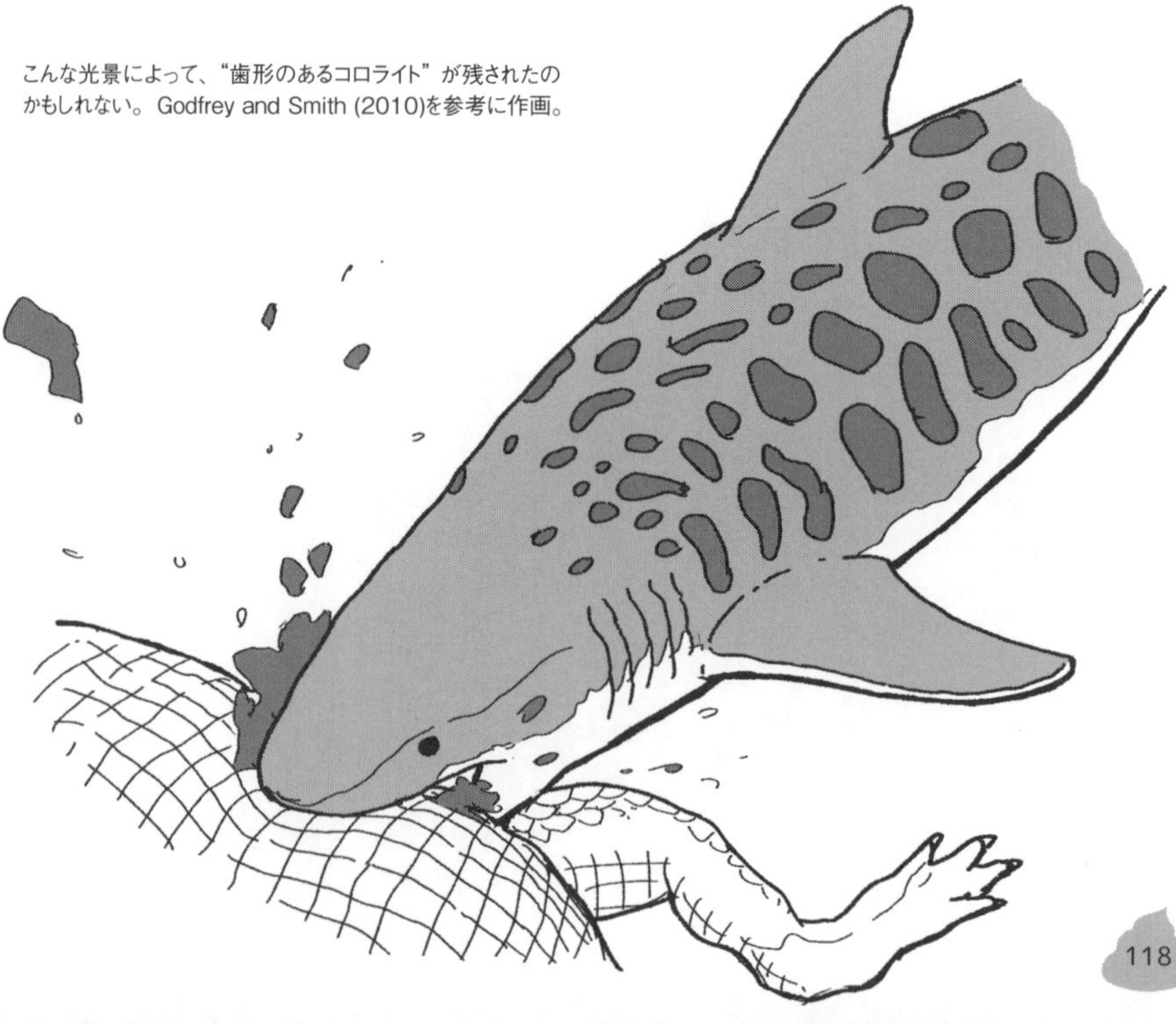

こんな光景によって、“歯形のあるコロライト”が残されたのかもしれない。Godfrey and Smith (2010)を参考に作画。

ライト）に残された歯形から、生々《なまなま》しい戦いの模様が推定できる貴重な例といえる。

第9節 寄《き》生《せい》虫《ちゅう》がいたコプロライト

寄生虫は、動物の体内にいる生物の1つだ。例えば、北海道に生息するキタキツネの体内には、「エキノコックス」と呼ばれる寄生虫がいる。キタキツネ自身は、エキノコックスが体内にいても何ら問題ないとされるが、その卵がキタキツネのうんことともに排出《はいしゅつ》されることは問題となる。

この卵が他の動物の体内に入って孵化《ふか》すると、病巣《びょうそう》をつくるのだ。例えば、ヒトの体内に入ったエキノコックスが肝臓に病巣を作ると、肝機能障害《かんきのうしょうがい》、発熱、黄疸《おうだん》などの症状が出て、最悪の場合は死に至るという。

キタキツネのうんこに気をつけていれば大丈夫。うんこを体内に入れるなんて、そうそうやらないだろう。そう思われるかもしれないが、時にうんこは沢《さわ》や川の水に溶《と》け込《こ》む。そのため、「北海道の沢や川の水は、生水の状態でけっして飲んではいけない」。筆者が学生時代に北海道の山中で地質と化石の調査をしていた時、よく言われたものである。

さて、本書でポイントとなるのは、「うんこの中に寄生虫（の卵）」があるという点だ。うんこの中に寄生虫《きせいちゅう》もしくはその卵があるというのなら、コプロライトができるときに、一緒に化石化したはずである。実際、第2章で紹介《しょうかい》したように、コロライトの段階で寄生虫がいたことはわかっている。

２０１３年、リオグランデ連邦大学《れんぽうだいがく》（ブラジル）のポーラ・C・デンツィエン＝ディアスたちは、ブラジル南部に分布する約２億７０００万年前の古生代《こせいだい》ペルム紀の地層から発見されたコプロライトに寄生虫（いわゆる「サナダムシ」）の卵の化石を見つけて、報告している。

デンツィエン＝ディアスたちがみつけたコプロライトは、長さ5センチメートルほど、直径2センチメートルほどの楕円体《だえんたい》だった。表面にスパイラル構造があり、また、標本《ひょうほん》を裁断したところ、鱗《うろこ》や骨の断片が確認できた。こうした特徴《とくちょう》から、デンツィエン＝ディアスたちはこのコプロライトをサメの仲間のものであると特定している。

デンツィエン＝ディアスたちによる標本の切断は14か所にわたっておこなわれ、顕微鏡《けんびきょう》で観察しやすいように薄片《はくへん》にされた。そして、顕微鏡で観察した結果、長さ0・15ミリメートルほどで、幅《はば》0・09〜0・1ミリメートルほどの楕円形がびっしりと並ぶ様子が確認できたのだ。その形状はまさしく卵そのもので、デンツィエン＝ディアスたちの分析によれば、サナダムシのものに近いという。サナダムシは、脊椎動物《せきついどうぶつ》の消化管などに寄生する複数の動物の総称《そうしょう》だ。ただし、厳密にいえば、ここで確認された卵は、現在多数の種が確認されているサナダムシの仲間のいずれの種の卵ともサイズや形状が異なると指摘《してき》された。

コプロライトの中には、黄鉄鉱《おうてっこう》の結晶《けっしょう》も確認されている。黄鉄鉱の存在は、このうんこがあった場所に酸素が少なかったことを示唆《しさ》するものだ。「サナダムシの卵」という珍妙《ちんみょう》なものが化石となって残ったのは、「サナダムシの卵」のような物質を分解する微生物が生息できないような環境だったから、とデンツィエン＝ディアスたちは指摘する。

２０１４年には、パリ自然史博物館（フランス）のジャン＝ピエール・ユゴーたちによって、ブラジル南部の約2億４０００万年前の中生代《ちゅうせいだい》三畳紀《さんじょうき》の地層から発見されたコプロライトに線《せん》虫《ちゅう》の卵が発見、報告されている。

デンツィエン＝ディアスたちやユゴーたちの研究で示されたのは、コプロライトの内部分析の有効性（必要性）と、過去の動物たちも寄生虫に寄生されていたこと、そして、その寄生虫の卵は現生種《げんせいしゅ》のものとさほど形が変化していないことだ。

エキノコックスの存在からキタキツネの存在が推測できるように、寄生虫もまたその〝宿主の生態〟を推測するための手がかりとなる。コプロライト内の「見るべきところ」の1つとして、寄生虫は重要な視点の1つといえる。

第10節 それは本当にコプロライト？

ヨーロッパに分布する地層からは、長さ数センチメートル以上（ときには10センチメートル以上）、幅数ミリメートルの紐状の化石がいくつも発見されている。そうした化石には、「リゾコライト（*Rhizocorallites*）」や「ルンブリカリア（*Lumbricaria*）」といった名前がつけられている。

この紐状《ひもじょう》化石《かせき》の正体は、何なのか？

研究者の中でも意見が分かれていた。

例えば、何らかの海棲《かいせい》無脊椎《むせきつい》動物《どうぶつ》が海底に残した巣穴が化石化したものではないか、とされたこともあった。巣穴の中にまわりの地層とは別の物質が充填《じゅうてん》され、化石となったというのである。

しかし、「巣穴の化石」である可能性は低そうだ。少なくともリゾコライトに関しては、正確には「紐状」というよりも、「ビーズが並んだ形」をしている。〝ビーズが並んだ形の巣〟はちょっと想像しにくい。巣穴ならば、もっとシンプルなチューブ状のはずだ。

そこで注目されたのは、「リゾコライトは、ナマコ類のコプロライトではないか」との説である。

実際、現生《げんせい》のナマコ類は、似たような形のうんこを排泄《はいせつ》するのだ。つまり、「*Rhizocorallites*」は、

「うんこの化石」についた学名ということになる。これは実は特殊《とくしゅ》な例ではなく、学名は生物本体以外にもつけられる。この場合は、「うんこの化石」という「生痕化石《せいこんかせき》」につけられたものだ（これは、「*Lumbricaria*」についても同じことがいえる）。

かつての海の底で暮らしていたナマコ類が、海底に堆積《たいせき》した有機物を食べ、うんこを出し、そして、そのうんこがリゾコライトになったのではないか。そう、考えられた。

しかし、ノルウェーのエネルギー企業であるエクイノールのディルク・クナウストは、2019年に多数のリゾコライトを分析し、コプロライトの可能性を完全には否定しないものの、コロライトの可能性の方が高い、とした。ナマコ類が〝主《あるじ》〟であることには変わりはないが、からだの外に排泄されたものではないという。

クナウストが〝コプロライト説〟に対して否定的な見方をする根拠《こんきょ》はいくつかある。「そもそもナマコ類のうんこは、化石となるには柔《やわ》らかすぎるのではないか」という指摘《してき》もその1つだ。

現生のナマコ類のうんこは、排泄後、数時間で自然崩壊《しぜんほうかい》するという。うんこが化石化するために必要な時間はよくわかっていないけれども、さすがに「数時間」では、化石となるための時間

ビーズが並んだような形をした「リゾコライト」。
Knaust (2019)を参考に作図。

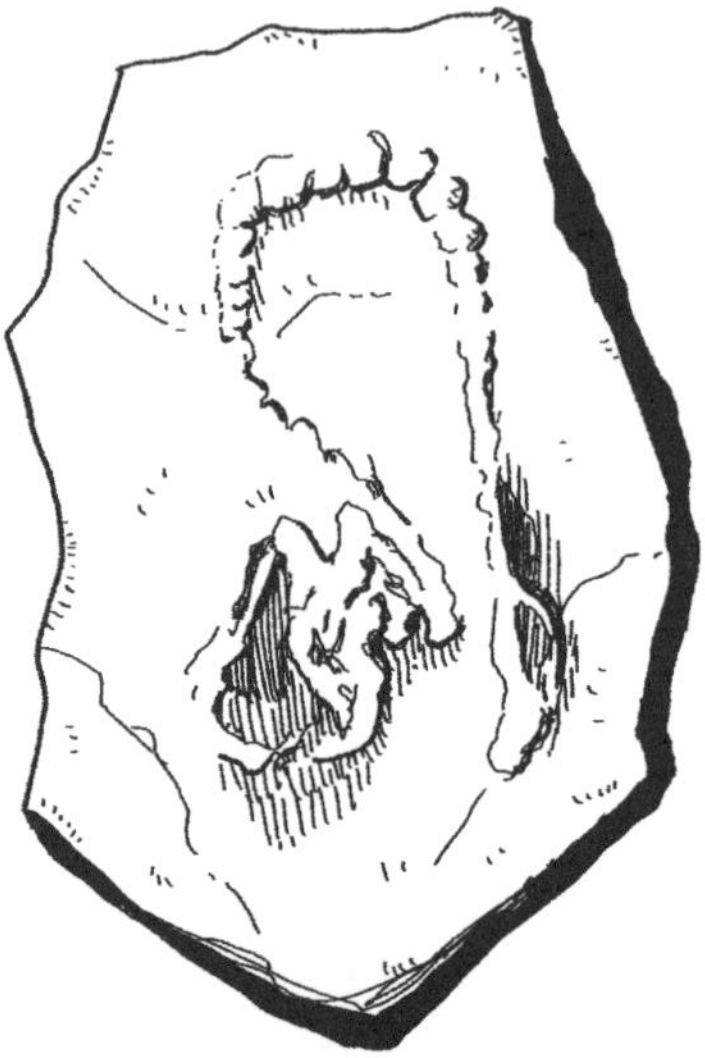

複雑な形状の「リゾコライト」。左端は胃に、右端は総排泄腔と解釈された。Knaust (2019)を参考に作図。

が圧倒的に〝足らない〞とみられた。

一方で、リゾコライトのいくつかは、折り畳《たた》まれていたり、途中《とちゅう》で構造が変わったりするものがいくつもあった。クナウストはこうした構造は、ナマコ類の内臓の形状を表しているのではないかと指摘《してき》する。現生《げんせい》のナマコ類の胃、小腸、直腸、総排泄腔《そうはいせつこう》といった内臓に相当する形状が確認できたものもある。

リゾコライトをコプロライトとするのであれば、この形の多様さは、うんことして不思議すぎる。肛門《こうもん》を通る際に、うんこの形状は一定のものとなるはず。つまり、コプロライトの形状は、もっとシンプルで、もっと単純《たんじゅん》なはず。

しかし、コロライトだというのであれば、〝本体〞はどこにいったのだろう？　ナマコはどこにいるのだ？　本書でこれまで見てきたように、コロライトは基本的に「体内」に残されているはずである。

ナマコ本体のからだの化石はどこにある？

ここに、ナマコ類の特異さが関係しているとクナウストは主張する。

ナマコ類が食べた物は消化器官が分泌《ぶんぴ》する〝特殊《とくしゅ》な粘液《ねんえき》〟で保護されるために、分解されにくい。その一方で、ナマコ類自身は殻《から》のように目立つ硬組織《こうそしき》をもっていないために分解されやすいというのだ。

つまり、〝食事を終えて（あるいは食事中で）お腹いっぱいのナマコ類〟が何らかの理由で死を迎《むか》えた（ある意味で、幸せな死に方といえるかもしれない）。その結果、体内の食物は化石となったけれども、〝本体〟は早期《そうき》に分解され、消えたというわけである。

もう1つも、紐うんこ？

似たような紐状《ひもじょう》化石《かせき》であっても、ルンブリカリアはより長く（最大で１・７メートル！）、そしてビーズ状の構造がない。化石は、始祖鳥《しそちょう》の化石産地で知られるドイツのゾルンホーフェン地域で多産する。

ルンブリカリアに対する解釈《かいしゃく》としては、ミミズ状動物の化石というものから、リゾコライトと同じようにナマコ、あるいは、何らかのサカナ、そして、アンモナイト類のコロライト、もしくは、

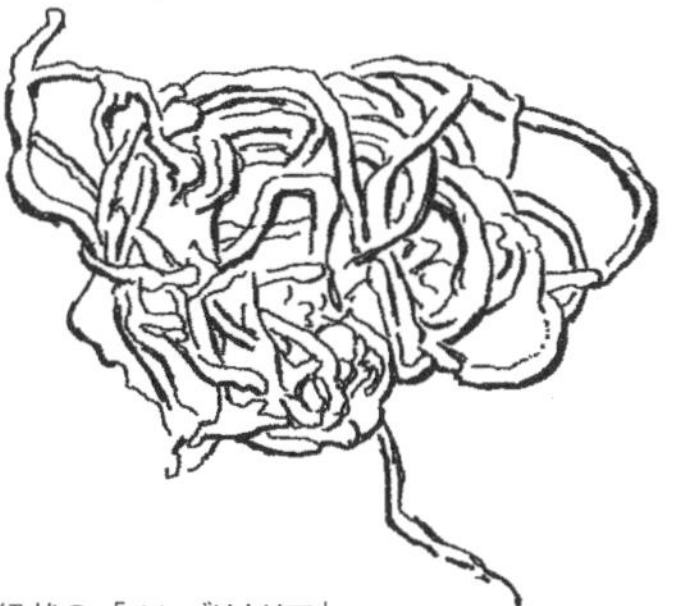

紐状の「ルンブリカリア」。
Knaust and Hoffman (2020)を参考に作図。

コプロライトという見方があう。

２０２０年、クナウストは、ルール大学ボーフム（ドイツ）のレネ・ホフマンとともに、ルンブリカリアに関する研究を発表している。

クナウストとホフマンは、ルンブリカリアの中に「サッココマ（*Saccocoma*）」という浮遊性《ふゆうせい》のウミユリ類の断片が含《ふく》まれていることに注目した。浮遊性であるサッココマの断片があるということは、ミミズ状動物やナマコ類が関与《かんよ》している可能性は低い。こうした動物は、底生《ていせい》であるからだ。底生の動物が、浮遊性の動物を獲物《えもの》とすることは難しい。

そして、サカナのコプロライト、あるいは、コロライトという可能性も低いとクナウストとホフマンは指摘《してき》する。サカナのコプロライトやコロライトにはリン酸塩《さんえん》が含まれていることが多い。しかし、ルンブリカリアにはリン酸塩が確認されなかった。また、サカナのうんこの長さには限界があるとみられている。1メートルを超えるものはなかなかない。ナマコ類とはちがって、サカナには骨という硬《かた》い組織《そしき》があるため、リゾコライトのように「体内の食物は残ったけれども、本体は残らなかった」と考えることは難しい。

サカナではなく、アンモナイト類ならばどうだろう？　アンモナイト類のコロライトである可能性は？

アンモナイト類の化石も、ルンブリカリアと同じゾルンホーフェンで多産《たさん》する。しかし、アンモナイト類のコロライトだったとしても、本質的にはサカナと同じ疑問が生じる。アンモナイト類も「殻《から》」という硬組織《こうそしき》をもつ。ルンブリカリアがアンモナイト類のコロライトだとしたら、殻が消失し、その内部にあったコロライトだけが残る理由が説明できない。

では、コロライトではなく、コプロライトならば、どうだろうか？

クナウストとホフマンは、日本の鳥羽《とば》水族館《すいぞくかん》が飼育《しいく》しているオウムガイ類のうんこの観察結果に注目した。アンモナイト類に近縁《きんえん》であるオウムガイ類は、ルンブリカリアとよく似た細長いうんこを排泄《はいせつ》する。そのうんこの表面は粘液《ねんえき》で保護されて、4週間以上も水槽《すいそう》の底で形状を保《たも》ったという。

オウムガイ類と似た内臓をアンモナイト類がもっていたのだとしたら、そのからだの何倍もの長さのうんこを排泄したとしても不思議ではない。こうした分析をもとに、クナウストとホフマンは、ルンブリカリアはアンモナイト類のコプロライトである可能性が高いと指摘している。

〝うんこの形〟でも、うんこ化石とは限らない？

市場では、リゾコライトやルンブカリアよりも、〝うんこの化石っぽい形の物体〟が、「コプロライト」として流通している。「市場流通する」ということは、その〝うんこの化石っぽい物体〟

が多産《たさん》していることを示唆《しさ》している。

菱鉄鉱《りょうてっこう》という鉱物《こうぶつ》を主成分とするこうした〝うんこの化石っぽい物体〟には複数の形態が知られている。その1つは、紐《ひも》が束《たば》ねられて捻《ねじ》れたような形状だ。その見た目は、たしかに「何の化石か?」と問われれば、「うんこの化石」と答えることが妥当《だとう》のように見える。大小さまざま、束ねの程度も、捻れの程度もさまざまで、紐の直径も鉛筆《えんぴつ》の芯《しん》よりも細いものや、ロープのような太さのあるものもある。

うんこの化石を買えば、「うん(運)」が手に入る! そう思って財布の紐《ひも》を緩《ゆる》めてしまう人もいるのかもしれない。

しかし、現実は残酷《ざんこく》だ。

これがコプロライトである可能性は低い。そう、複数の研究者が指摘《してき》しているのだ。

その理由の1つは、内部に生物の痕跡《こんせき》が一切確認できないということだ。本書冒頭で紹介《しょうかい》したティラノサウルスのうんこから、先ほど紹介したルンブリカリアまで、多くのコプロライトはその内部に生物片が確認できる。この菱鉄鉱の物体の内部には、それがまったくない。

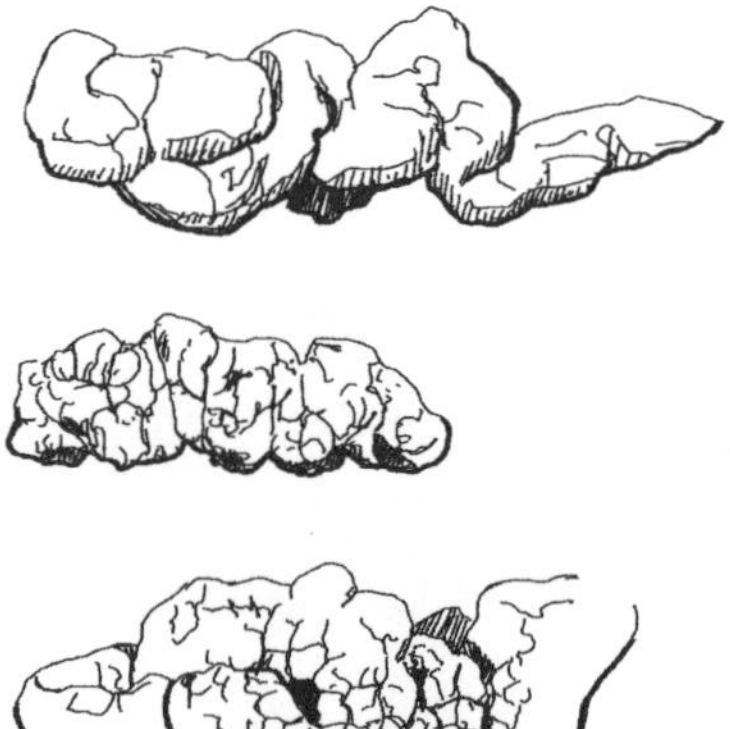

コプロライトとして売られることもある物体、
Mustoe (2001)を参考に作図。

また、この〝うんこの化石っぽい物体〟が見つかる地層からは、他の動物の化石が発見できない点もコプロライトの可能性を低くしている。〝主《あるじ》の候補〟さえいないのだ。

こうした視点から、「〝うんこの化石っぽい物体〟は、コプロライトではない」とみなされている。「うん（運）」を手に入れようとした人には、いささか残念な話であるけれども。

では、この珍妙《ちんみょう》な物体は何なのか。

2001年にイェール大学（アメリカ）のアドルフ・ザイラッハーたちは、アメリカのワシントンに分布する新生代《しんせいだい》新第三紀《しんだいさんき》中新世《ちゅうしんせい》（約2300万年前～約530万年前）の地層から多産《たさん》するこの物体の形状に注目し、それが脊椎動物《せきついどうぶつ》の大腸の形によく似ていると指摘《してき》した。

つまり、コプロライトではなく、コロライトであるというのである。うんこではないのなら、〝運のありがたみ〟も低下するかもしれない。

では、これがコロライトだったとして、先の〝2つの否定〟に関しては、どのように解釈《かいしゃく》すれば良いのだろう？「内部に生物の痕跡がないこと」「同じ地層から、〝主の候補〟となる動物の化石が発見されていないこと」をどのように説明するのだろうか？

ザイラッハーたちは、このコロライトが菱鉄鉱製であることがポイントとなると指摘している。

ザイラッハーたちの仮説によると、このコロライトをつくった動物の体内にはある種のバクテリアがいて、そのバクテリアが体内の食物を菱鉄鉱化させたという。一方で、この動物が死んだ環境下ではリン酸塩《さんえん》が溶《と》けやすく、リン酸塩を主成分とする骨や歯は化石として残らなかった。ザイラッハーたちは、地中に埋もれた遺骸《いがい》を、酸性の地下水が溶かしてしまった可能性を指摘《してき》している。

もっとも、ザイラッハーたちは、この研究が「暫定的《ざんていてき》な結果（preliminary findings）」であると、自分たち自身で述べている。この〝うんこの化石っぽい物体〟の正体を解き明かすには、さらなる研究が必要であるとされた。

ザイラッハーたちの研究が発表された2001年、ウェスタン・ワシントン大学のジョージ・E・ムストーも同じような〝うんこの化石っぽい物体〟に関する論文を発表している。

ムストーは、こうした〝うんこの化石っぽい物体〟が化石であること、つまり、生物に関するものであることさえも否定した。コプロライトではない。コロライトでもない、というのである。

ムストーは、〝うんこの化石っぽい物体〟を含む地層に他の動物（とくに脊椎動物）の化石が含《ふく》まれていないこと、〝うんこの化石っぽい物体〟の内部に骨片《こっぺん》、サカナの鱗《うろこ》、植物片、その他の有機物《ゆうきぶつ》が含まれていないことなどに注目した。つまり、かねてより指摘されていた問題を重視したのだ。

とくに、〝うんこの化石っぽい物体〟がコプロライトであるというのならば、「内部に生物の痕《こん》跡《せき》がまったくないこと」を説明できないと指摘している。これは、ザイラッハーたちの〝コロライ

ト説〝にも当てはまることだ。コロライトであったとしても内部に何らかの生物の痕跡があってしかるべきというのだ

また、ムストーによると、この〝うんこの化石っぽい物体〝は、地層面に対して垂直に埋《うま》まっていたという。〝うんこの化石っぽい物体〝がコロライトであるというのならば、その〝主《あるじ》〝は、垂直な状態で死亡し、からだが消失したのちに、内臓の鋳型《いがた》であるコロライトが垂直なまま残された可能性が出てくる。ちょっと想像しにくい状態である。

ムストーは、〝うんこの化石っぽい物体〝は、地質構造の1つではないか、と指摘している。鉄分を含む地層があり、火山活動や地震活動によってその地層が圧縮され、そして、偶然《ぐうぜん》に〝うんこっぽい物体〝の形状になったのではないか、という。化学分析の結果からは、メタンガスが関係した可能性もあるとムストーは指摘する。

いずれにしろ、〝うんこの化石っぽい物体〝の正体に関しては、依然《いぜん》として謎《なぞ》に包まれている。本書執筆《ほんしょしっぴつ》の時点で、ザイラッハーたちやムストーの論文発表から20年以上の歳月《さいげつ》が経過した。

近年に発表されるコプロライトに関わる論文の多くは、まず「それがコプロライトである」ということを証明することから始まっている。その点を考慮《こうりょ》すれば、この〝うんこの化石っぽい物体〝を扱《あつか》うにあたっては、まずは「それがコプロライトである」という証明が必要といえるだろう。市場流通する〝うんこの化石っぽい物体〝には、この証明が欠けているのだ。

さまざまな〝うんこの化石〟は、体化石だけではわからない情報をもたらしてくれる。草食、寄《き》生虫《せいちゅう》といった思わぬ食情や、内臓の形なども知ることができる。体化石と〝あわせる〟ことができれば、より確実な情報源となる。

うんこがもたらす〝新世界〟は、実に広大なのだ。

●歯型つきコプロライト
リン酸カルシウムを
含んだ肉食動物の
コプロライト
型をとると
イタチザメの
歯型が!!!
うんこ噛んだかも！
イタチザメ容疑者
A説：食糞説→X
うんこうめー
・食糞ザメは未発見
・一度噛んではなすか？
B説：食べ残し説→〇？
大腸はうんこくさくて…
うんこのみ、噛んだ
ものの食べはしな
かった…？
などなど考えられる！

寄生虫入コプロライト
寄性虫の多くは終生宿主の消化内に
大量の卵を産みつける。卵はうんこと共に
外界にまき散らされ、土じょうや河川を通じ
て拡散されていく…
サナダムシ
全部卵
ペルム紀のコプロライトから
大量の条虫の卵らしきものが
見つかった。貧酸素な状況で卵
まで分解されず残ったことを化石
に含まれる黄鉄鉱が語っている。
これらの研究からいえることは
①コプロライトの内部分析も大切
②一部の寄生虫は古生代からそれ程形が変わってない
③寄生虫は指標生物として有用（宿主特定できる）

●リコゾライトの正体は？
①ヒモ状のナゾ化石
だれかの巣穴…？ではない。
ナマコのうんこが似た形
をしている。
ナマコ自身は分解され
やすいが消化管は分解
されにくくコロライトが残った
②更にヒモヒモなルンブガリア
ミミズ状生物か？否、浮遊性
ウミユリの化石が含まれており、
底生生活者以外の消化物の可
能性が高かった。
オウムガイのうんこが
似た形！アンモナイト化石
からもルンブカリアがみつかっており
アンモのうんこと判明！
プリプリ
オウムガイ

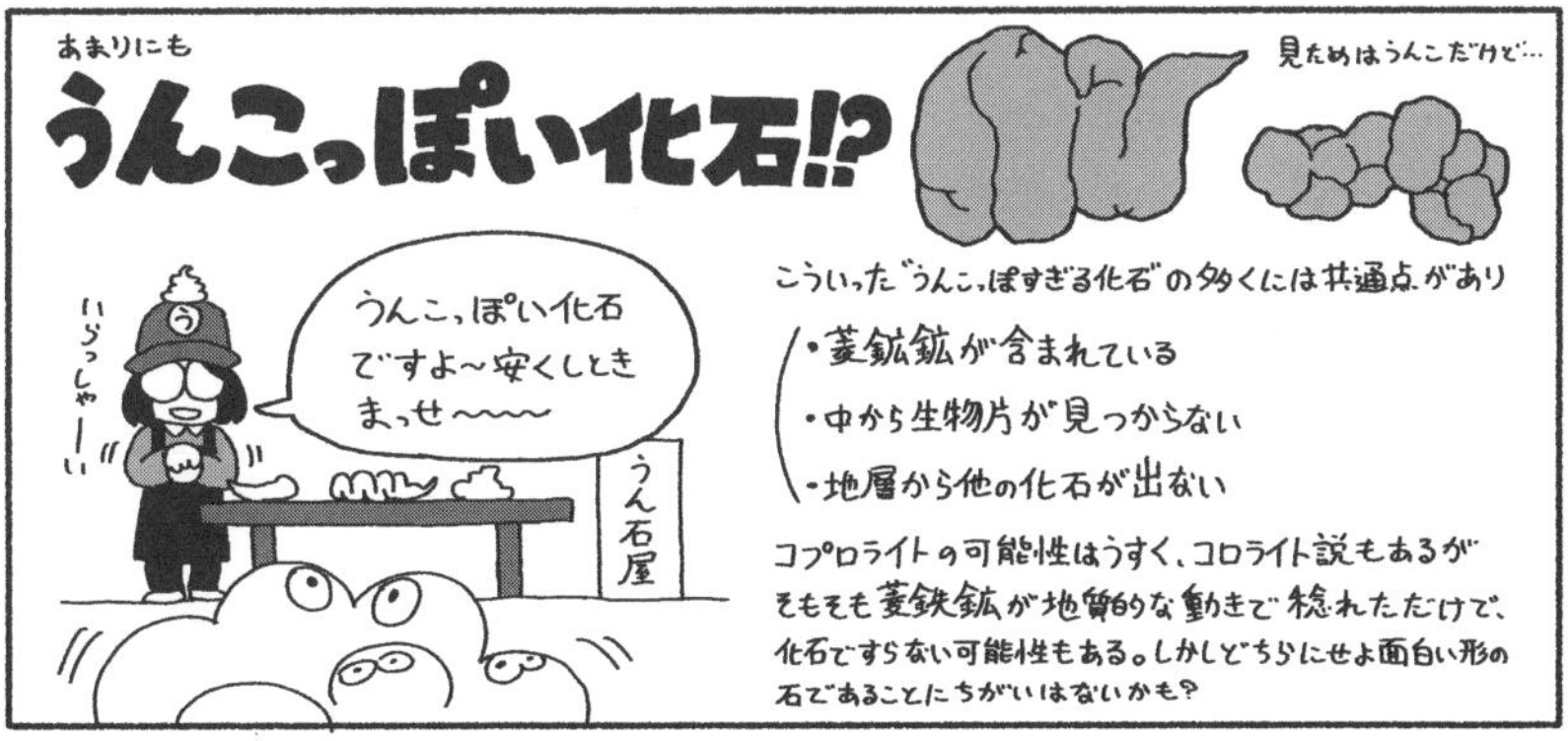
あまりにも
うんこっぽい化石!?
見ためはうんこだけど…
いらっしゃーーい
うんこっぽい化石
ですよ～安くしとき
まっせ～～～
うん石屋
こういった"うんこっぽすぎる化石"の多くには共通点があり
・菱鉱鉱が含まれている
・中から生物片が見つからない
・地層から他の化石が出ない
コプロライトの可能性はうすく、コロライト説もあるが
そもそも菱鉄鉱が地質的な動きで捻れただけで、
化石ですらない可能性もある。しかしどちらにせよ面白い形の
石であることにちがいはないかも？

こっそり楽しむ
うんこ化石の世界

第4章

〝トイレ〟の重要性

第4章

〝トイレ〟の重要性

第1節 洞窟《どうくつ》でスルか、それとも、野外《やがい》でスルか

（前略《ぜんりゃく》）秘《ひ》められたあの場所にこそプライバシーはある。（中略《ちゅうりゃく》）そこでなら、他のどんな場所でもけっして許《ゆる》されないようなことをすることができる。尻《しり》を丸出しにしてしゃがんだり、心ゆくまで悪臭《あくしゅう》を発したり、尻毛《しりげ》にひっついたウンチのかけらを引っ張ったり、そして社会的動物にとっては死に価《あたい》する罪《つみ》、すなわち一人になるという罪を、ほんの数分間だが犯《おか》すことができるのだ。このつかの間の空白時間だけ、人は集団の一員ではなく、個人《こじん》でいられるのだ。

『うんこの博物学――糞尿《ふんにょう》から見る人類の文化と歴史』（著：ミダス・デッケルス、作品社刊）

現代人にとって、トイレは重要だ。プライバシーを保《たも》つ〝ほぼ絶対的な孤独空間《こどくくうかん》〟というだけではなく、もちろん、衛生上《えいせいじょう》の意味合いで。トイレがなくては文明的な生活をしているとは言い難《がた》い。現代日本ではトイレが和式・洋式のどちらであるかという情報も大切。ウォシュレットも、その心地良《ここちよ》さを知ってしまえば、もう「なし」には戻《もど》れない。

動物にとっても、トイレは重要である。室内飼育《しつないしいく》をしている動物には、トレーニングによって決まった場所で排泄《はいせつ》をするようになる動物もいる。もちろんこれは、ヒトの都合《つごう》による。室内を衛生的に保つために欠《か》かせない。トイレのトレーニングは、ペットと暮《く》らす時の基本《きほん》の「キ」だ。

もっとも、筆者《ひっしゃ》とともに暮らすラブラドール・レトリバーと、シェットランド・シープドッグは、同じコースを散歩《さんぽ》していると、野外であっても、特定の場所でうんこタイムに至《いた》ることが多い。どうやら、野外でも〝トイレの場所〟を決めているようだ（もちろん、そのうんこはしっかりと回収《かいしゅう》し、持ち帰る）。

愛犬《あいけん》たちの野外排泄タイムと現代人のトイレタイムとの間にちがいがあるとすれば、愛犬たちは排泄中にじっとこちらを見つめてくることが多いことだ。愛犬たちのトイレタイムは、孤独ではない。プライバシーはなく、むしろ、その目線《めせん》に何らかのメッセージが込《こ》められている……ように見える。

例えば、「ちょっとそこで待ってて」。

コプロライトに関してはどうだろうか？

古生物が大量のうんこを、特定の場所に、残す。そのことによってつくられる「トイレの化石」は存在するのだろうか？

この疑問《ぎもん》に触《ふ》れる前に注意しなくてはいけないことは、うんこがコプロライトとなるその過程《かてい》において、例えば、陸上では強い直射日光《ちょくしゃにっこう》や風雨《ふうう》が大きな障害《しょうがい》となるということ。つまり、「トイレの場所」は、コプロライトの保存に大きく関係している。

ネブラスカ大学リンカーン（アメリカ）のカール・ラインハルトたちが２０１９年に発表した論文では、洞窟《どうくつ》に残されたうんこは、良いコプロライトになる例が多いと指摘《してき》されている。

洞窟であれば、直射日光も風雨も避《さ》けることができるからだ。

もっとも、洞窟であってもコプロライトの保存が必ず良いというわけではないこともようだ。洞窟内であっても、水が流れる場所のそばにコプロライトがあると、その水がコプロライト内にしみこんで、コプロライトの崩壊《ほうかい》につながることがある。また、同じ場所に排泄《はいせつ》されたコプロライトであっても、内部に含《ふく》まれる物質によって保存は変わるという。

つまり、トイレも確実に残されるわけではなく、多くの要因《よういん》によって、その保存は左右される。しかし、それが「トイレの化石」とわかれば、手に入れることのできる情報はいっきに広がっていく。化石として残ったトイレがもつ意味は大きいのだ。

本章では、トイレ《特定の場所》に排泄され、保存されたコプロライトに注目していこう。古生物の暮らしに〝トイレ〟はどのように関わっていたのか？ また、〝トイレ〟から読み解くことのできる情報には何があるのだろうか？

第2節 約2億3500万年前の共《きょう》同《どう》トイレ

多くの野生動物が、決まった場所にうんこをする。

2017年に東京農工大学《とうきょうのうこうだいがく》の小泉璃々子《こいずみるるこ》たちが発表した研究によると、現代の東京の赤坂《あかさか》御用地《ごようち》では、タヌキの成獣《せいじゅう》オス2頭と成獣メス2頭が同じ場所にうんこを残していたという。この〝共同トイレ〟でたがいのうんこの匂《にお》いを嗅《か》いでいる仕草《しぐさ》が確認されていたことから、彼らは何らかの情報交換《じょうほうこうかん》を〝共同トイレ〟でおこなっていると考えられている。

彼らにとって、〝共同トイレ〟は社交場《しゃこうば》なのかもしれない。〝ほぼ絶対的な孤独空間《こどくくうかん》〟として尊重《そんちょう》する現代人との大きなちがいである……というほどでもないだろう。〝トイレで、ちょっとした情報交換〟は現代社会でもおこなわれているはずだ（在社時代《ざいしゃじだい》、となりの小便器《しょうべんき》に社長が立った時の気まずさといったらなんともいえなかったものだ。加《くわ》えて「最近はどうだ?」と話しかけられたときの緊張感《きんちょうかん》といったら……)。

さて、そんな共同《きょうどう》トイレの化石が、アルゼンチンに分布《ぶんぷ》する約2億3500万年前の地層から発見されている。2013年にその化石を報告したアルゼンチン国立科学技術研究会議《こくりつかがくぎじゅつけんきゅうかいぎ》のルーカス・E・フィオレッリたちによると、それは〝共同トイレの化石〟としては最古のものになるという。

その〝共同トイレ〟は、400平方メートルから900平方メートルの広さで1・5キロメートルほどの間隔《かんかく》をあけて、点在していた。最も大きな〝共同トイレ〟には、1平方メートルあたり94個のコプロライトが含《ふく》まれていた。化石として残った数がこれであるから、実際にはもっと多くのうんこが、この半畳《はんじょう》ほどの広さに排泄《はいせつ》されていたことになる。

点在する〝共同トイレ〟1つあたりに含まれる平均的なコプロライトの数は、66・6個に達した。地質調査の結果、これらのコプロライトのもととなったうんこは、比較的短時間《ひかくてきたんじかん》に地層の中に埋《う》もれたことが示唆《しさ》された。つまり、この場所のコプロライトは、別の場所から長い時間をかけて少しずつ集まったものではない。河川《かせん》の氾濫《はんらん》などで流されてきたものが、たまたまここに溜《た》まったというわけでもない。あくまでも〝共同トイレ〟として利用された場所であるという。

このコプロライトがコプロライトである理由として、その形や内容物が挙《あ》げられている。すなわち形は卵型《たまごがた》〜球形《きゅうけい》のものが多く、内部には木片《もくへん》、葉の断片《だんぺん》、胞子《ほうし》といった化石が確認された。どうやら、コプロライトの〝主《あるじ》〟は植物食者だったようだ。

注目されたのは、〝共同トイレ〟にあったコプロライトのサイズである。共同トイレに含まれるコプロライトは、小さなものはヒトの指先に乗るような直径5ミリメートルほどだったけれども、大きなものはバスケットボールよりも大きい35センチメートルほどもあった。

これまでにも何度か言及《げんきゅう》してきたように、「からだの大きな動物でも、小さなうんこを排泄する」。35センチメートルものコプロライトを残した〝主〟が、5ミリメートルのコプロライトの〝主〟ではない、と断言《だんげん》できるわけではない。

しかし、発見されたコプロライトの多様性《たようせい》から、「〝主〟は複数存在《ふくすうそんざい》し、そのサイズも大小いたと考えることが自然」とみなされた。すなわち、同種《どうしゅ》の複数世代か、あるいは、からだの大きさの異なる複数種が、この共同トイレを利用していたことになる。

約2億3500万年前の地層からの発見された、という点も〝主〟を絞《しぼ》り込《こ》む手がかりとなった。この数値《すうち》が示《しめ》す時代は、中生代三畳紀《ちゅうせいだいさんじょうき》の後期《こうき》。最初期の恐竜類《きょうりゅうるい》が出現した時期に相当《そうとう》する。ただし、この時期の恐竜類には、35センチメートルものコプロライトを残すような大型の恐竜はまだいなかったとみられているし、そもそもそんな恐竜類の化石は、〝共同トイレの化石〟

と同じ地層からは確認されていない。したがって、この〝主《あるじ》〟が恐竜類《きょうりゅうるい》である可能性は低い。

フィオレッリたちが注目したのは、〝共同《きょうどう》トイレの化石〟と同じ地層から化石が多産《たさん》している「ディノドントサウルス(*Dinodontosaurus*)」である。がっしりとした四肢《しし》、短い尾《お》、どっしり型の胴体《どうたい》に、寸詰《すんづ》まりの吻部《ふんぶ》という動物だ。そして、その口先にある2本の牙《きば》。体重は最大で3トンに達したとみられている。現代のアフリカゾウ並《な》みの体格《たいかく》である。バスケットボールサイズのうんこを排泄《はいせつ》したとしても、不思議《ふしぎ》ではない。

ディノドントサウルスは、「サウルス(*saurus*)」という名前が使われているけれども、恐竜類ではなく、爬虫類《はちゅうるい》でもない。「ディキノドン類」と呼ばれるグループに分類《ぶんるい》され、私たち哺《ほ》乳類《にゅうるい》の親戚筋《しんせきすじ》にあたる。なお、約2億3500万年前には、まだ哺乳類は登場していないが、親戚たちはそれなりに繁栄《はんえい》していた。フィオレッリたちは、ディノドントサウルスのような植物食のディキノドン類こそが、〝共同トイレの化石〟を残

共同トイレを“社交場”とする生態は、三畳紀には、始まっていたのかもしれない。

したと考えている。

タヌキの例で見たように、〝共同トイレ〟は社交場《しゃこうば》、あるいは、情報交換《じょうほうこうかん》の場として使われていた可能性がある。フィオレッリたちは、哺乳類が登場するよりも前に、その親戚たちがすでに〝共同トイレ〟を利用したコミュニティをつくっていた可能性《かのうせい》を指摘《してき》している。

彼らもボスが隣《となり》で用を足《た》すときは、気まずさを味わっていたのだろうか。

第3節 死を招くうんこ汚染

多くの野生動物が、決まった場所にうんこをする。

その場所が、ときに〝危険極《きけんきわ》まりないトコロ〟に変わることがある。２０１８年にイエール大学（アメリカ）のクリストファー・L・ダットンたちが報告した研究によると、現在の東アフリカでは、カバが排泄した大量のうんこが河川を〝汚染〟し、サカナの死を招いていることが指摘されている。それは、簡単《かんたん》にいえば、うんこを食べる微生物《びせいぶつ》が大量発生し、その微生物が水中の酸素を消費《しょうひ》尽《つ》くしたことによる低酸素化《ていさんそか》が原因《げんいん》であるという。

カバのうんこによって、サカナたちは窒息《ちっそく》したのだ。

そして大量にサカナが死んでいる水は、他の動物にとっても「衛生的《えいせいてき》」とは言い難《がた》い。

自分のうんこが、他種《たしゅ》ではなく、自分たちを苦しめることになった。そんなことを示唆《しさ》する化石が、２０２０年にラ・ブレア・タール・ピッツ博物館（アメリカ）のエミリー・L・リンゼイたちによって報告されている。

リンゼイたちが注目したのは、エクアドルのサンタ・エレナ半島にあるタンケ・ロマだ。この地には、新生代《しんせいだい》第四紀《だいよんき》更新世末《こうしんせいまつ》（約2万年前ごろ）の地層が分布《ぶんぷ》しており、その地層からは絶滅《ぜつめつ》した大型《おおがた》哺乳類《ほにゅうるい》化石《かせき》が多産《たさん》する。

とくに知られるのは、「エレモテリウム（Eremotherium）」の化石である。エレモテリウムは、「オオナマケモノ」と呼ばれる絶滅哺乳類の1つ。この俗称《ぞくしょう》が示《しめ》すようにナマケモノの仲間ではあるものの、現生《げんせい》のナマケモノのように樹上《じゅじょう》に登ることはできなかった。なにしろ、オオナマケモノだ。頭骨《とうこつ》だけで80センチメートル、全長は6メートルに達し、体重は4トンという巨体《きょたい》のもち主《ぬし》である。全体的にでっぷり感さえあるからだつきで、四肢《しし》は太く、指先には長い爪《つめ》があった。

タンケ・ロマで発見されたエレモテリウムに関する化石は、５７５個あった。その５７５個はさまざまな部位がまざっていた。リンゼイたちは脛骨《けいこつ》を数え、少なくとも22個体がそこにいたことを明らかにしている。雄《おす》と雌《めす》、幼体《ようたい》、亜成体《あせいたい》、成体で構成《こうせい》されているという。

不思議《ふしぎ》なことは、この地層に他の動物の化石がほとんど含《ふく》まれていないことだ。いくつかの他の哺乳類の化石はあるものの、エレモテリウムを襲《おそ》うことができた大型の肉食哺乳類、あるいは、エレモテリウムの遺骸《いがい》を食べるような屍肉食者《しにくしょくしゃ》の痕跡《こんせき》はなかった。一方で、化石は大型の動物に踏《ふ》まれて破壊《はかい》されたとみられるものが多かった。

地質の状況は、ここがかつて浅《あさ》い水域《すいいき》であったことを示していた。しかし、水域であるにもかかわらず、サカナの化石を発見できなかった。そして、個々のエレモテリウムの化石の間にほとんど堆積物《たいせきぶつ》は挟《はさ》まっておらず、22個体は短期間のうちにこの場所で死に、そして、埋《う》もれて化石となったと分析《ぶんせき》された。

ほぼエレモテリウムだけの多数の化石。しかも、その多くは、踏まれている。

サカナのいない浅い水域。

いったい、かつてのタンケ・ロマで何が起きたのか？

リンゼイたちは、この謎《なぞ》の手がかりの1つとして、地層に含まれる植物化石に注目した。それは、長さ1・5センチメートル未満《みまん》の小枝《こえだ》や葉を中心としたもので、多くがまるで噛《か》まれたように断片的《だんぺんてき》なものだった。そして、消化の痕跡も確認できるという。

リンゼイたちは、これらの植物化石を、エレモテリウムのコプロライト、あるいは、コロライトではないか、と指摘《してき》している。

うんこで汚染された場所で泥遊びをしてしまったのか……。

植物食動物のエレモテリウムの化石を主体とする地層で、その消化物とみられる植物化石が見つかる。たしかに、この植物化石がエレモテリウムのコプロライトやコロライトである可能性《かのうせい》は高そうだ。

この植物化石がコプロライトであるというのなら、22個体（以上）のエレモテリウムは、自分たちのうんこのある場所で死んだことになる。

うんこが溜《た》まり、サカナが生息しないような水域《すいいき》。

清潔《せいけつ》とは程遠《ほどとお》い。

リンゼイたちは、そんな水域で、さらに、エレモテリウムが泥遊《どろあそ》びをしていた可能性も指摘《してき》している。エレモテリウムの化石に残る踏《ふ》まれた痕跡《こんせき》がそれを物語っているという。仲間の遺骸《いがい》を踏みながらの泥遊びとは、なかなかシュールな光景《こうけい》だ。

つまり、この浅《あさ》い水域には、うんこが溜まり、サカナは棲《す》まず、そして、同種《どうしゅ》の遺骸もあった。

うんこと大量死がどのように関係していたのかは必ずしも明《あき》らかにされていないけれども、その〝不潔《ふけつ》な水〟で泥遊びをすれば、その水に潜《ひそ》む病原菌《びょうげんきん》がエレモテリウムの体内に入り、彼らを死にいたらしめたことは想像に難《がた》くない。

さらに一歩踏《ふ》み込《こ》んで推理《すいり》を展開させれば、そんな水でさえ利用せざるを得なかった当時の環境を推測《すいそく》することもできる。

泥遊びは、文字通りの「遊び」ではない。例えば、現生《げんせい》のゾウの泥遊びは、日光《にっこう》から肌を守るための泥塗《どろぬ》りや、寄生虫《きせいちゅう》の駆除《くじょ》などに役立つという。健康を維持《いじ》するために必要な〝遊び〟なのだ。その遊びを、仲間の遺骸の上でしなければならなかった。いかに、この場所が限られた水資源《みずしげん》だったのかを物語る。転《てん》じて、リンゼイたちは当時のこの地の気候が干《かん》ばつだった可能性を指摘している。

うんこをどこにするのか？

その場所は、集団の生死も左右《さゆう》することになるかもしれない。そんな例である。そして、〝トイレの状況〟から、地球環境の手がかりを得《え》ることもできるのだ。

第4節 〝小さな〟トイレ化石

トイレの重要性は、脊椎動物《せきついどうぶつ》だけが知るものではないようだ。全長数センチメートル級の小さな動物たちも、彼らなりの「トイレ」をつくる。

実は、そんな〝小さな〟トイレの化石が、世界各地から報告されている。

掘りながらつくっていく

海底面に対してほぼ垂直《すいちょく》に掘られた直径1センチメートル前後の「中《ちゅう》心軸《しんじく》」。その軸のまわりに、螺旋状《らせんじょう》に配置《はいち》された扇《おうぎ》のようなつくり。扇の奥行きは、大きなものでは数十センチメートル以上になる。そんな生《せい》痕化石《こんかせき》が多数、報告されている。

この生痕化石は、かつて、何らかの動物の「摂食痕《せっしょくこん》」と考えられていた。海底に棲《す》む小さな無脊椎動物《むせきついどうぶつ》が、海底下に溜《た》まった有機物《ゆうきぶつ》を食べるために掘った痕跡《こんせき》とみなされていたのだ。この独特の形状をもつ生

ズーフィコスのイメージ。このような構造が地下につくられていた。小竹（1990）、小竹（1995）を参考に作図。

痕化石は、「ズーフィコス（*Zoophycos*）」と呼ばれている。

しかし、1990年代に千葉大学《ちばだいがく》の小竹信広《こたけのぶひろ》によって、ズーフィコスが「トイレ化石」であることが指摘《してき》された。

もともと、ズーフィコスが「摂食痕」と考えられていた理由は、その内部に小さなコプロライトがあったことによる。そのコプロライトには、しばしばプランクトンの化石が含《ふく》まれていた。海底を掘り、海底下に積もった有機物とともに、プランクトンの遺骸《いがい》も食べ、そしてその場で排泄《はいせつ》したことでできた化石と考えられていたわけだ。

しかし、不思議なことに、ズーフィコスの「中心軸」部分には、コプロライトがいっさい確認されなかった。

コプロライトがあるのは、〝扇状構造《せんじょうこうぞう》〟の部分だけ。

また、日本の房総半島《ぼうそうはんとう》で発見された新生代新第三紀《しんせいだいしんだいさんき》（約2300万年前〜約258万年前）のズーフィコスを見ると、コプロライト内に火山灰《かざんばい》が確認できるものがあった。この火山灰入りコプロライトもまた、〝扇状構造〟の部分にだけ存在し、「中心軸」にはない。そして、火山灰入りコプロライトがズーフィコス内に確認されたケースでは、当時の海底面につくられた地層に火山灰が確認された。

従来《じゅうらい》の見方《みかた》のように「摂食痕」であるというのなら、「中心軸」にコプロライトがなく、〝扇状構造〟にだけコプロライトがあるというのは不自然だ。そのコプロライトに海底の火山灰《かざんばい》が含《ふく》まれていることも説明し難《がた》い。「中心軸《ちゅうしんじく》」も掘って、食べて、つくられたものである以上、そこにコプロライトがあってしかるべきだ。海底下を食べているのに、海底面の火山灰がうんこに含まれている点も謎《なぞ》である。

この疑問《ぎもん》への解答として小竹が用意した答えこそが、「ズーフィコスの〝扇状構造《せんじょうこうぞう》〟は、この生痕化石をつくった動物の排泄場所《はいせつばしょ》」というものだった。

つまり、「トイレ」だ。

かつて、この海底にほぼ垂直《すいちょく》に穴を掘る蠕虫状《ぜんちゅうじょう》の動物がいた。この穴が「中心軸」だ。その動物は、海底に降り積もったものを食べ、そして、中心軸のまわりにうんこを押し込んでいった。その結果として、〝扇状構造〟がつくられたというのである。

この動物にとって、〝中心軸〟はトイレに行くための〝通路《つうろ》〟であり、〝巣〟でもある。そのため、そこで排泄することはせず、通路に添って、その側方にうんこを溜《た》めて行ったということになる。

中心軸にコプロライトがない理由は、そこはあくまでも「通路」だから。火山灰のコプロライトが地下にある理由は、海底面でそれを食べて地下のトイレで排泄したから、というわけである（行儀《ぎょうぎ》の良いコだ）。なお、このコプロライトや〝扇状構造〟は、深くなるほど大型化する傾向《けいこう》がある。これは、成長にともなって、食事量も排泄量も増えていったため、と説明されている。オトナは、より深い場所に、より大量のうんこをいたす、ということだ。

なんとも珍妙《ちんみょう》な生態に見えるが、実は現生種《げんせいしゅ》にもこうした生活様式を採用《さいよう》しているものがいる。

それは、深海底《しんかいてい》で暮らすユムシの仲間だ。

ユムシの仲間は、「環形動物《かんけいどうぶつ》」と呼ばれる動物群の1つ。「環形」の文字が示唆《しさ》するように、細長い円筒形《えんとうけい》のからだであり、あしはもたない。からだの先端《せんたん》に口が、後端《こうたん》に肛門《こうもん》がある。浅海《せんかい》で暮らすユムシの仲間は釣《つ》り餌《え》にも、ヒトの食用にもなり、日本でも北海道では刺身《さしみ》、塩焼きなどで調理される。

小竹は、1995年に発表した論文《ろんぶん》で、「栄養分が海底面付近《かいていめんふきん》にのみ存在する深海底においては極《きわ》めて合理的《ごうりてき》な生活様式である」と綴《つづ》っている。

海底表面で食べたものを、海底下で排泄してズーフィコスをつくった?

時代で変わるトイレ

ズーフィコスの歴史は古い。なにしろ、古生代《こせいだい》デボン紀（約4億1900万年前〜約3億5900万年前）の地層からも発見されている。

デボン紀といえば、海においてはようやくサカナが生態系の上位に君臨《くんりん》するようになり、そして、最初期の陸上脊椎動物《りくじょうせきついどうぶつ》が出現《しゅつげん》した時代として知られている。そんな時代から、ユムシの仲間たちは、トイレをつくっていたのだ。尊敬《そんけい》してしまいそうな古さである。

そんなズーフィコスの歴史に「転換点《てんかんてん》」があったことが、2014年に小竹によって報告されている。

それは、陸で恐竜《きょうりゅう》たちが「我が世の春」を謳歌《おうか》していた中生代白亜紀《ちゅうせいだいはくあき》（約1億4500万年前〜約6600万年前）に起きた。

白亜紀までにつくられたズーフィコスの〝扇状構造《せんじょうこうぞう》〟は、多くても4層だった。

これに対して、白亜紀以降のズーフィコスの〝扇状構造〟は、10層を超えることも珍《めずら》しくないという。白亜紀になって、トイレが（地下で）高層マンション化したのである。

小竹によると、このことはズーフィコスの製作者《せいさくしゃ》であるユムシの仲間が、長期間にわたって同じ場所に居続《いつづ》けていたことを意味しているという。

ズーフィコスをつくるユムシの仲間は、「中心軸《ちゅうしんじく》」に居座《いすわ》ってそこから届く範囲《はんい》の餌《えさ》を食べ、トイレをつくる。当然《とうぜん》、いつかは「中心軸」から届く範囲の餌は食べ尽《つ》くしてしまう。そうなると、移動して別の場所に「中心軸」をつくり、そして、新たにトイレをつくらなければならない。

白亜紀《はくあき》になると、餌が大量に増えたため、長期にわたって同じ場所に居続けることができるようになった。〝滞在期間《たいざいきかん》〟が長くなれば長くなるほど、うんこも多くなる。トイレもたくさん必要だ。その結果、ズーフィコスが多層化《たそうか》し、巨大化《きょだいか》したというのである。

つまり、ズーフィコスの多層化と巨大化は、餌が増えたことに起因《きいん》するとみられている。白亜紀当時の海では、植物性プランクトンが爆発的《ばくはつてき》に増加していたことがすでに報告されている。これが餌になったのだ。プランクトンの遺骸《いがい》が海底につもり、ユムシの仲間の餌になり、うんこ《コプロライト》も増え、トイレ《ズーフィコス》も大きくなった。

トイレは、世界の変化を語るのだ。

うんこの再利用

2020年、カルタージュ大学（チュニジア）のフェミ・ベルガウティたちは、チュニジア北部に分布《ぶんぷ》する白亜紀末の地層で発見された50個を超えるズーフィコスを分析《ぶんせき》し、新たにわかったいくつかのことを報告している。

それらのズーフィコス内のコプロライトには、石英《せきえい》や二枚貝類《にまいがいるい》の殻《から》など、明らかに食用には適《てき》さないものの断片《だんぺん》が含《ふく》まれていた。このことから、ズーフィコスの生産者（ユムシの仲間？）は、採餌《さいじ》の際にとくに選り好みをしていないことがわかるという。

一方で、ズーフィコスの内部には、粗《あら》い粒子《りゅうし》と細かな粒子が分別された痕跡《こんせき》があった、このことから、ズーフィコスの生産者には〝サイズ分別能力《ぶんべつのうりょく》〟があることが示唆《しさ》された。分別能力があるのに、手当たり次第、口に入れている。そんな矛盾《むじゅん》する状況が、見えてくる。

ベルガウティたちは、ズーフィコスの生産者の食事は短時間に慌《あわ》ただしくおこなわれた、と考えた。海底表面に〝顔〟を出す時間を短くすることで敵に見つかるリスクを低くしていたのかもしれない。同時に〝近隣《きんりん》〟の海底表面堆積物食者《かいていひょうめんたいせきぶつしょくしゃ》たちとの競争もあり、急いで食べる必要があった可能性《かのうせい》もあるという。

さらに、コプロライトには2度にわたって配置《はいち》された痕跡があるという。つまり、排泄《はいせつ》が1度ではなかった可能性があるようだ

こうした点に注目し、ベルガウティたちは、ズーフィコスの生産者が自分のうんこを食べていたのではないか、と推理《すいり》している。いくつかのコプロライトには、有機物《ゆうきぶつ》の残存《ざんぞん》が確認されており、この有機物が食料となったのではないか、というわけである。

この指摘が正しければ、ズーフィコスは単純《たんじゅん》なトイレ化石ではない。トイレであると同時に食《しょく》料貯蔵庫《りょうちょぞうこ》だったのかもしれないのだ。ベルガウティたちは、海底の餌が少なかった時期に自身のうんこを食べていた可能性に言及《げんきゅう》する。

かつての日本でもトイレで集めた排泄物を肥溜《こえだ》めとして利用し、肥料《ひりょう》に使っていた。ズーフィコスの生産者は、排泄物の〝再利用〟という点で、人類のはるかな先輩《せんぱい》だったのかもしれない。

ズーフィコスの構造は、遠洋であればあるほどに複雑化する傾向《けいこう》があるという。一般《いっぱん》に、有機物の量は海岸に近いほど多く、遠洋《えんよう》ほど少ない。有機物の供給量《きょうきゅうりょう》が少ない場所では、ズーフィコスを複雑化《ふくざつか》させることによって、食料貯蔵庫として利用していた可能性もあるという。

第5節 トイレから見える海岸線

地中で生きる動物にとって、トイレは大きな問題だ。何しろ、地中は環境が安定しており、排泄したうんこがその場に残ることが多い。

ある種の無脊椎動物《むせきついどうぶつ》は、自分の後方をトイレと定め、一定期間にわたってうんこを溜め続ける。その間、自分は前進を続けるため、その動物の後方には筋状《すじじょう》にたまったうんこが残る。永久《えいきゅう》にうんこを排泄しつづけるわけではないため、その筋状のうんこは途中《とちゅう》で途切れ、〝筋状のトイレ〟となる。

こうした〝筋状《すじじょう》のトイレ〟について、産業技術研究所《さんぎょうぎじゅつけんきゅうじょ》の清家弘治《せいけこうじ》と、高知大学《こうちだいがく》の奈良正和《ならまさかず》が2000年代、2010年代に発表してきた研究が面白《おもしろ》い。本節ではこれらの論文と、清家の著書『海底の支配者《しはいしゃ》　底生生物《ていせいせいぶつ》』（中公新書ラクレ／2020年刊行）を参考《さんこう》に話を進めていこう。

ボクのうしろがトイレ

海底下を生活圏《せいかつけん》とする動物に、オフィリアゴカイの仲間がいる。

オフィリアゴカイの仲間もまた環形動物《かんけいどうぶつ》の一員で、基本的にはシンプルなからだのつくりだ。すなわち、長さは数センチメートル、幅《はば》は数ミリメートルという細長い筒状《つつじょう》のからだをもち、あしはなく、小さな毛が体表《たいひょう》に生えている。からだの前部は紡錘形《ぼうすいけい》で、前部にある口で食物を食べ、後部にある肛門《こうもん》から排泄《はいせつ》する。

オフィリアゴカイの仲間の餌《えさ》も、砂《すな》や泥《どろ》の粒子《りゅうし》の表面についた有機物である。ユムシの仲間と同じだ。彼らは、砂や泥の粒子ごと口に含み、有機物だけを食べて、砂や泥の粒子を排泄する。

つまり、彼らのうんこは、有機物が取り除かれた、〝きれいな粒子〟でできている。

面白いのは、その食事方法だ。

海底下にある砂や泥の粒子は、さまざまな鉱物《こうぶつ》で構成《こうせい》されている。鉱物は、その種類によって色が異なる。例えば、石英《せきえい》の粒であれば、白色か無色だ。輝石《きせき》や鉄の粒であれば、黒色である。

こうしたさまざまな色の鉱物でできた粒子があるにもかかわらず、オフィリアゴカイの仲間は、白色か無色の鉱物を選んで食べているのだ。

その理由は、よくわかっていない。

ただし、これは地層を調べる人類にとっては、ありがたい情報である。

白色か無色の粒子を好んで食べるオフィリアゴカイの仲間のうんこは、白色か無色だ。一方、周囲の砂は、さまざまな色の鉱物が混ざっているため、その色は往々《おうおう》にして黒ずんでいる。

そして、オフィリアゴカイは、自分の後方にうんこを溜《た》める。

つまり、オフィリアゴカイの仲間の後方にだけ、白色か無色のうんこが溜まった〝トイレ〟がつくられる。前進しながらの排泄となるため、このトイレは筋状となる。ただし、オフィリアゴカイの仲間も四六時《しろくじ》中《ちゅう》排泄《はいせつ》をしていたわけではないようで、このトイレは断続的《だんぞくてき》なものとなる。

しかも、地層中を進む際に食べなかった黒色の粒子は自身の外側に押しのけられる。

かくして、かつての砂浜でつくられたとみられる地層の中に、周囲が黒色で、その中が白い筋状の構造ができるのである。

この生痕《せいこん》化石《かせき》は、断面が食物のマカロニのように見えるため、「マカロニクヌス（*Macaronichnus* ）」と呼ばれている。

奈良と清家は、２００４年に発表した研究で、マカロニクスがオフィリアゴカイの仲間のうんこであることを明らかにし、２０１９年に発表した研究では、マカロニクスの中には、排泄《はいせつ》のタイミングのわかる〝強弱《きょうじゃく》の構造〟が確認できるものがあることも指《し》摘《てき》している。

乱《みだ》れるトイレ、並《なら》ぶトイレ

マカロニクヌスには、２つのパターンがあった。

曲がりくねり、ランダムに残されているパターンと、まっすぐ棒状《ぼうじょう》に残されているパターンである。

前者は、オフィリアゴカイの仲間が、気のむくまま動き回ったのちに残されたトイレの化石であり、後者は、明らかに一定方向に進むオフィリアゴカイの仲間が残したトイレの化石といえる。

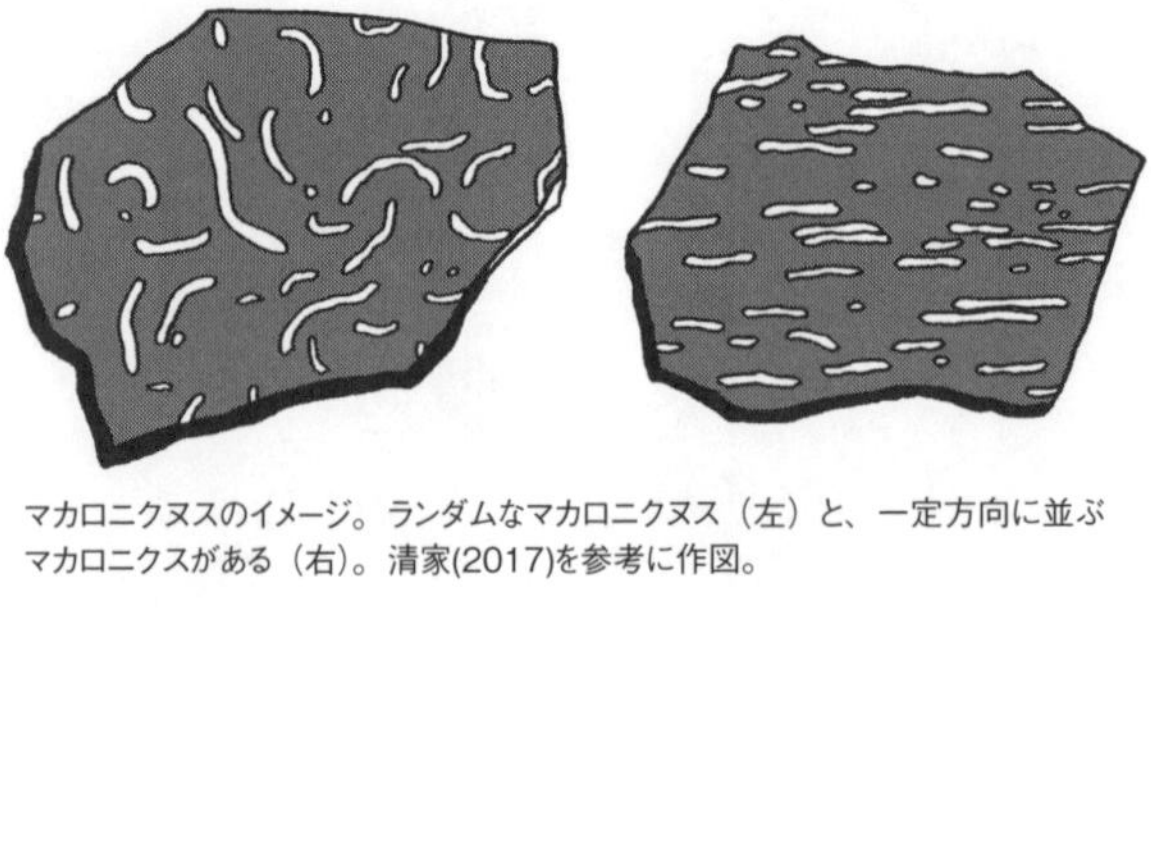

マカロニクヌスのイメージ。ランダムなマカロニクヌス（左）と、一定方向に並ぶマカロニクスがある（右）。清家(2017)を参考に作図。

前者《ぜんしゃ》が見つかる場所と、後者《こうしゃ》が見つかる場所は離れており、混在《こんざい》することはない。つまり、ある場所のマカロニクヌスは曲がりくねってばかりで、ある場所のマカロニクヌスはまっすぐなのだ。

なぜ、同じ動物が残す〝トイレ〟なのに、こうもちがいが出るのだろうか？

手がかりは、現在の海岸にあった。

現生《げんせい》のオフィリアゴカイの仲間が残す〝まっすぐ棒状のトイレ〟は、海岸線に垂直《すいちょく》な方向へ伸《の》びていたのだ。つまり、〝まっすぐ棒状のトイレ〟は、海岸線と大《おお》いに関係がある。

2007年にこのことを報告した清家は、地層中に残された「まっすぐ棒状のマカロニクヌス」に注目することで、太古の海岸線を推測《すいそく》することができると指摘している。つまり、「まっすぐ棒状のマカロニクヌス」のどちらかの端《はし》の先に、当時の海岸線があったことがわかるという。トイレの形状から、太古《たいこ》の地形を推理できる手がかりへとつながるのだ。

嵐《あらし》から逃げるトイレ

それにしても、なぜ、「まっすぐ棒状のマカロニクヌス」は海岸線に垂直なのだろう？

清家たちが2015年に、清家が2017年に発表した一連の研究は、この問《と》いかけの答えとなるものだった。

やはり、手がかりは、現在の砂浜《すなはま》に残されたオフィリアゴカイの仲間の〝トイレ〟にあった。

天候《てんこう》が良好《りょうこう》で、波が落ち着いているとき、海岸線近くに生息《せいそく》するオフィリアゴカイの仲間は、〝ランダムなトイレ〟を残していた。

しかし、海岸線が削《けず》られるような波がくる荒天《こうてん》になると、オフィリアゴカイの仲間は海岸から一目《いちもく》散《さん》に離れようとする。そのとき、〝まっすぐ棒状《ぼうじょう》のトイレ〟を残したのだ。

つまり、「まっすぐ棒状のマカロニクヌス」もまた、かつての荒天時に、海岸から逃げるオフィリアゴカイの仲間が残した〝トイレ〟である可能性《かのうせい》が示《しめ》されたのである。

一目散に離れながらも、彼らは、白色と無色の粒子《りゅうし》を選択《せんたく》して食べ、そして、排泄《はいせつ》していた。余裕《よゆう》があるのかないのか、なんとも微妙《びみょう》な感じだが、そ

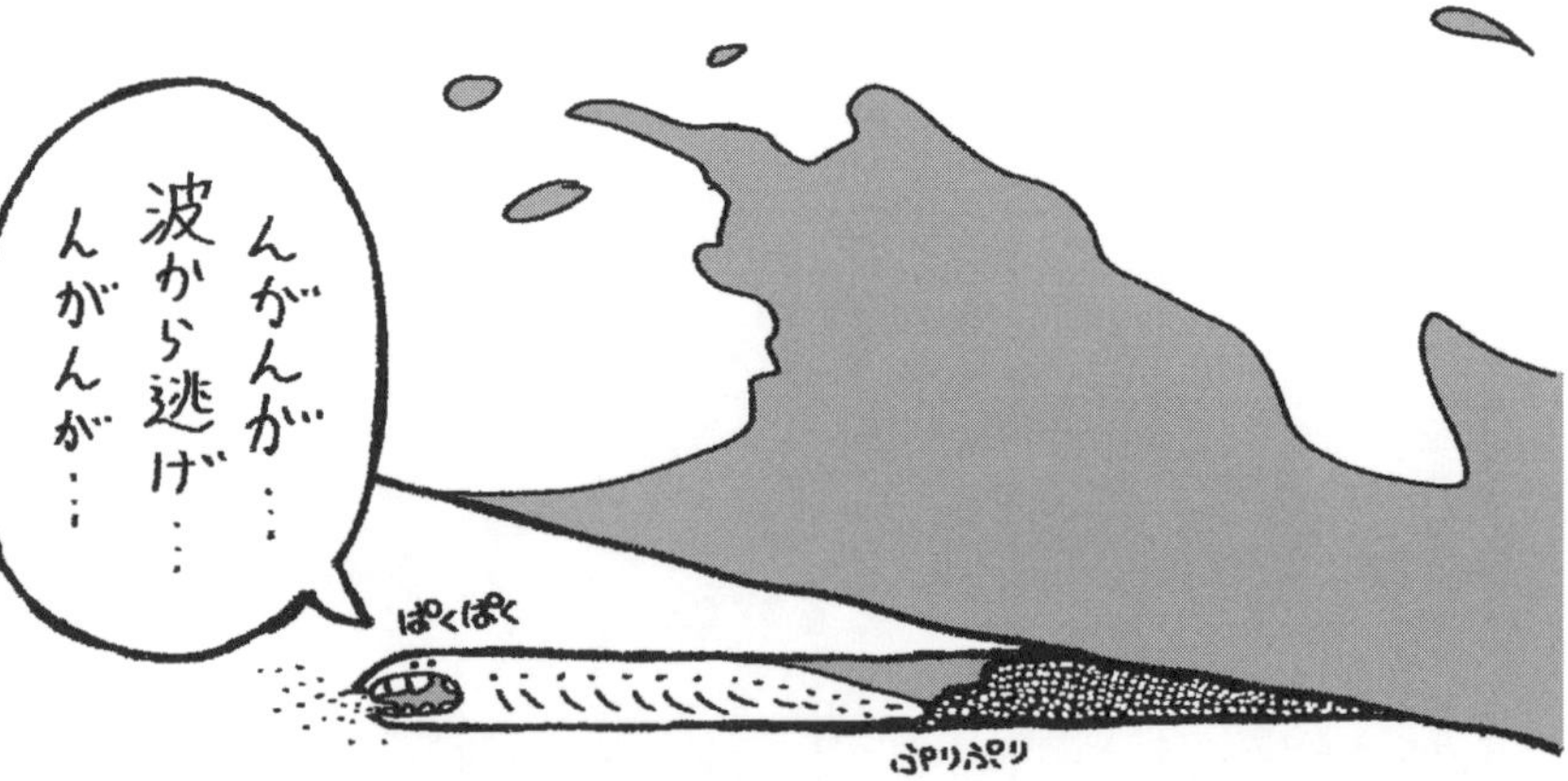

なんらかの方法で嵐の接近を感知したオフィリアゴカイは、食べながら内陸をめざした?

の必死《ひっし》の行動によって、「まっすぐ棒状のマカロニクヌス」がつくられ、そして、太古《たいこ》の地形と荒天の存在を今に伝えているのである。

こうして、マカロニクヌスの2パターンは、説明することができた。

しかし、清家は『海底の支配者《しはいしゃ》　底生生物《ていせいせいぶつ》』の中で、「新たな発見は、新たな謎《なぞ》をもたらします」と指摘《してき》する。

オフィリアゴカイの仲間は、海底下で生活する動物だ。海底下にいながら、彼らはどうして岸の方向（海岸から離《はな》れる方向）を正確に知ることができたのか？　どうして荒天を知ることができたのだろうか？

清家は、「全くもって、わからないことだらけです」と続けている。

うんこのリサイクル

現生の食フン行動

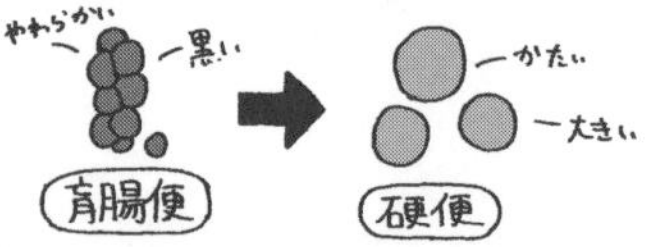

現代でも食フンする生物は多いが自分のうんこを食べる代表格はウサギだろうか。その小さい身体で消化の難しい植物性セルロースを分解・吸収するため、発達した盲腸で発酵させた消化物を一度盲腸便として排出し、そのままそのうんこを食べ、微生物の作った栄養を吸収。再び硬便という形でうんこを生み落とす。

第5章

「うんこの化石」の起源

第5章

「うんこ化石」の起源《きげん》

第1節　いつから、うんこをするようになったのか？

動物の三大欲求《さんだいよっきゅう》といえば、「睡眠欲《すいみんよく》」「食欲《しょくよく》」「性欲《せいよく》」である。

すべての動物は、この本能《ほんのう》の頸木《くびき》から逃《のが》れることはできない。なにしろ、睡眠欲と食欲は、そのからだを維持《いじ》するために必要なものであるし、性欲は子孫《しそん》を残すことにつながる。

この三大欲求で、この本に関わってくるとなれば、もちろん、「食欲」だ。

食べて、消化して、出す。

では、動物は、いつから「うんこを出す」ようになったのだろう？　その記録をコプロライトからたどることはできるのだろうか？

そもそも生命《せいめい》の歴史は、今から38億年以上前に始まった。

しかし初期《しょき》の生命は、動物でも植物でもない。もっとシンプルな構造《こうぞう》をした存在だった。大きさも顕微鏡《けんびきょう》を使ってようやく確認できるという程度である。

遅くても今から約21億年前には、多細胞生物《たさいぼうせいぶつ》が出現《しゅつげん》したとされる。ただし、この生物は謎《なぞ》だらけで、動物なのかどうかさえ、わかっていない。

動物らしい動物が出現するのは、約6億３５００万年前に始まったエディアカラ紀になってからだ。とくにその末期に近い約5億６０００万年前以降になると、動物らしい動物の化石が残されるようになる。

例えば、ロシアの白海沿岸《はっかいえんがん》に分布《ぶんぷ》する約5億６０００万年前〜約5億５０００万年前の地層から、「キンベレラ（Kimbellera）」という動物の化石が発見されている。

キンベレラは軟体性《なんたいせい》の〝殻《から》〟をもつ動物だ。その殻の大きさは、大きなものでは長さ約15センチメートル、幅《はば》は5〜7センチメートル、高さ3〜4センチメートル。殻の外周にはひだひだの構造があった。殻の長軸方向《ちょうじくほうこう》の端の近くに口があり、その近くから細い吻部《ふんぶ》を伸ばしていたとされる。この吻部の先には、硬質《こうしつ》の爪《つめ》があったらしい。

あった「らしい」という、なんとも微妙《びみょう》な表現は、その爪《つめ》の化石が発見されていないことによる。

ただし、キンベレラの化石の場合、その長軸《ちょうじく》の端《はし》の周囲の地層に「引っかき傷《きず》」が確認されている。

それも、長軸の端を要《かなめ》とした扇子《せんす》の骨のように、その「引っかき傷」は残されていた。

この痕跡《こんせき》は、キンベレラが自分の周りの海底に降り積《つ》もった有機物《ゆうきぶつ》をかき集めて、食べていたことを示《しめ》していると考えられている。「引っかき傷」を残すためには、ある程度は硬《かた》い部位が必要で、だからこそ、未発見でも「硬質《こうしつ》の爪」があったと解釈《かいしゃく》されているのだ。

キンベレラのこの痕跡は、この時代に「食べる」という行為《こうい》があったことの（間接的《かんせつてき》な）証拠《しょうこ》だ。

ただし残念ながら、キンベレラの化石と関連したコプロライト《うんこの化石》は、未発見である。

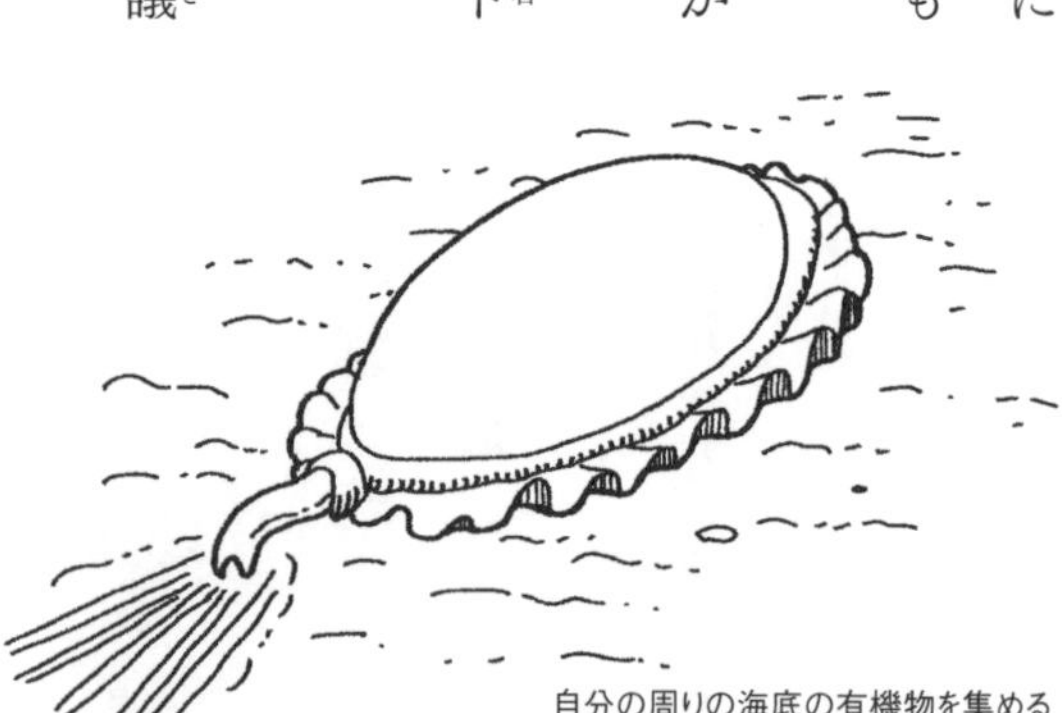
自分の周りの海底の有機物を集める
キンベレラのイメージ。

キンベレラが生息していたエディアカラ紀は、なんとも不思議《ふしぎ》な生物群《せいぶつぐん》がいた時代として知られている。

実はキンベレラのように、（曲がりなりにも）からだの構造《こうぞう》がわかり、そして動物とわかるものは、この時代では、稀《まれ》だ。この時代の多くの化石は、現生生物《げんせいせいぶつ》の〝常識《じょうしき》〟の範囲外《はんいがい》に存在している。例えば、楕円形《だえんけい》のからだをもち、その中心軸《ちゅうしんじく》の両側に節構造《ふしこうぞう》をもつものの、その節構造が軸の左右で少しずれている、という妙《みょう》な生物もいた。こうした生物の多くは「動物」と解釈されている。しかし、実際のところは、動物と判断するための決め手に欠けているものも少なくない。なにしろ、そうした生物の化石には、「口」や「肛門《こうもん》」さえ、確認できないものがほとんどなのだ。

生物〝本体〟に関しての知見《ちけん》でさえ、そんな状況だ。うんこに関しての情報は、かなり乏《とぼ》しい。

しかし、エディアカラ紀のうんこに関して、手がかりがゼロというわけではない。

2020年、ミズーリ大学（アメリカ）のジェームズ・D・シフバウアーたちは、アメリカのネヴァダ州に分布《ぶんぷ》するエディアカラ紀末の地層から、エディアカラ紀によくみられる生物型の1つ、「クロウディノモルフ（cloudinomorphs）」の化石を報告した。

クロウディノモルフの化石のイメージ。この内部に……本文参照。

クロウディノモルフとは、1つの種を指したものではない。特定の形状《けいじょう》をもつ生物を指《さ》している。

その形状を簡単に表現するならば、「重ねた紙コップ」だ。紙コップを数個重ねてできたタワーのような形をしている。ただし、その〝紙コップ〟は、最下段の1つをのぞいて底が抜けている。〝紙コップ〟は硬質の物質でできていて、直径が数ミリメートル。重なったときの高さは、高い場合でも数センチメートルといったところだ。そして、ある程度は柔軟《じゅうなん》に曲がる。

シフバウアーたちが、ネヴァダ州で採集《さいしゅう》されたクロウディノモルフを詳《くわ》しく調べたところ、その〝紙コップ構造《こうぞう》〟の内部を貫通《かんつう》するような筋状《すじじょう》の構造が見つかった。その筋状構造は、軟組織《なんそしき》が鉱物化《こうぶつか》し、化石として残されたものであるという。

食物がみっちりと詰《つ》まった腸が化石となったのかもしれない、とシフバウアーたちは指摘《してき》する。つまり、コロライトなのかもしれない（ただし、シフバウアーたちが、論文中で「コロライト」という言葉を使っているわけではない）。

シフバウアーたちによると、このクロウディノモルフに確認された〝コロライト〟は、知られている限り最も古い〝腸の痕跡《こんせき》〟であるという。さらに、そのシンプルなつくりから、謎《なぞ》の動物とされるクロウディノモルフが、シンプルな腸をもつ環形動物《かんけいどうぶつ》（ユムシの仲間など）である可能性《かのうせい》にも触《ふ》れている。

第2節 もっと古いうんこは？

エディアカラ紀のクロウディノモルフの中にコロライトが残っているのなら、それが排泄《はいせつ》されたコプロライトもどこかにあるはずだ。

かねてより研究者は、〝古いうんこ〟を求めてきた。

例えば、シフバウアーたちの研究が発表されるよりも35年も前に、アメリカ地質学調査所《ちしつがくちょうさじょ》のエレノラ・イベラル・ロビンスたちが、世界各地に分布《ぶんぷ》するエディアカラ紀以前の地層を調べ、コプロライトを探した研究を発表している（なお、「エディアカラ紀」という名称《めいしょう》が公式に認めれたのは2004年のことで、ロビンスたちが研究を発表した1985年の段階では、この時代名はなかった）。

ロビンスたちが注目したのは、かつての海の底でつくられた暗灰色《あんかいしょく》の岩石だ。もちろん、それにはいくつかの理由がある。

第1に、古い時代の生命は、海にだけ生息していた。陸地にはいなかった。

第2に、暗灰色の岩石、より正確にいえば、暗灰色の粒子《りゅうし》が堆積《たいせき》してできるタイプの岩石は、酸素の少ない海底、あるいは無酸素の海底でつくられた可能性が高い。酸素が十分にある海底には、さまざまな動物が生息している。排泄されたうんこが化石となる前に、こうした動物たちによって、分解されてしまう可能性が高い。酸素が少なければ、こうした動物たちも少なく、分解《ぶんかい》されにくい。

生命がいた海のうんこが分解されにくい海底。そこでできた岩石に、コプロライトを求めたわけだ。

ロビンスたちが探す〝コプロライトの主《あるじ》〟は、おそらくからだが小さいと予想された。そうした動物のうんこも、おそらく極小《ごくしょう》サイズであると予想された。そこで、ロビンスたちは、古いものでは約38億年前、新しくても5億３０００万年前の暗灰色《あんかいしょく》の岩石を世界各地から集め、実験室で化学処理《かがくしょり》をおこない、顕微鏡下《けんびきょうか》での調査をおこなったのである。

その結果、プランクトン、あるいは、ゴカイの仲間などが残したとみられる大きさ1ミリメートルに満《み》たない〝コプロライトらしき粒子《りゅうし》〟が発見された。

時代を追って調べてみると、約38億年前から約26億８０００万年前の岩石には、その〝コプロライトらしき粒子〟はまったくなかった。その後、少しずつ〝コプロライトらしき粒子〟は確認できるようになるものの、その粒子は、さほどコプロライトとしての信頼性《しんらいせい》が高くないという。〝信頼性の高いコプロライトらしき粒子〟（なんとも微妙《びみょう》な言い回しだけれど）が確認できるようになるのは、約19億年前以降のことだ。その後、〝コプロライトらしき粒子〟の数は、増えていくという。

ロビンスたちは、〝コプロライトらしき粒子〟が本当にコプロライトだとしたら、約19億年前には、食物連鎖《しょくもつれんさ》が始まっていた可能性《かのうせい》があると指摘《してき》している。

食べて、出す。

その関係が約19億年前には成立していた、というわけだ。そして、当時すでに「動物」がたしかにいたという証拠でもある。

では、〝コプロライトらしき粒子〟を「本当のコプロライト」とみなすにはどうすれば、良いのだろう？

やはり、〝コプロライトの主《あるじ》〟の化石を探し出すことが重要であるとロビンスたちは指摘している。しかし、相手が相手だ。硬組織《こうそしき》をもたず、サイズも小さい。筆者が知る限り、本書執筆《ほんしょしっぴつ》時点《じてん》までに、こうした〝コプロライトらしき粒子〟の〝主〟と断言《だんげん》できる化石は発見されていない。

第3節　うんこの歴史、生命の歴史

当たり前のことではあるけれども、コプロライトを「コプロライト」として認識するためには、まず、何はなくとも、その化石を発見せねばならない。

そして化石は、小さいものほど発見しにくく、大きなものほど発見しやすい。

今から38億年以上前にこの星に出現した生命は、そのからだ自体が全長1ミリメートルに満たなかった。ボールペンのペン先よりもさらに小さいのだ。

そんな小さな化石は、発見も、観察も、野外の現場では不可能だ。研究者は「このあたりだろう」とアタリをつけて岩石を採集《さいしゅう》し、実験室でさまざまな処理《しょり》を加《くわ》え、岩石を物理的、あるいは、化学的に分解《ぶんかい》して顕微鏡《けんびきょう》を覗《のぞ》き込《こ》んで化石を探す。

うんこのサイズが、生命体本体の体積《たいせき》を超えることは決してない。

前節《ぜんせつ》でロビンスたちの〝コプロライトとみられる粒子《りゅうし》〟が示唆《しさ》するように、生命体が微小《びしょう》である時代のうんこは、とても小さなものだ。

約６億３５００万年前に始まったエディアカラ紀の生物には、数十センチメートル級のからだをもつものもいた。しかし、生物として謎《なぞ》が多く、正直なところ〝うんこ云々《うんぬん》〟の話ができるまで研究は進んでいない。

やはり、一定サイズ以上の〝動物とわかる動物〟が出現してこそ、うんこも大きくなり、コプロライトも大きくなるというもの。つまり、発見しやすくなる。

メートル級の動物の化石が増えてくるのは、約５億３９００万年前に古生代《こせいだい》カンブリア紀が始まってからだ。

この時代になると、大型の動物が増える。その化石が世界各地で発見されるようになる。

しかし、発見されるコプロライトが増えるわけではなかった。

コプロライトが増え始めるためには、もう少し時間が必要だった。

うんこの〝台頭《たいとう》〟

コプロライトなどの教科書的な1冊である『The Palaeobiology of Trace Fossils』や、フライング・ヘリテージ・コレクション（アメリカ）のアドリアン・P・フントたちが２０１２年にまとめた論文では、コプロライトの歴史が簡単にまとめられている。

この2つの資料で、「コプロライトが豊富《ほうふ》にみられる」とされるのは、約3億２３００万年前に始まった石炭紀《せきたんき》の後期以降だ。この時代から、スパイラルなコプロライト、つまり、サメの仲間のコプロライトが増え始めるという。

そもそも、古生代《こせいだい》カンブリア紀に大型の動物が増え始めた時、その「大型動物」とは、節足《せっそく》動物《どうぶつ》、あるいは、その近縁《きんえん》のグループだった。サメの仲間はまだ出現していない。それどころか、初期のサカナはいたけれども、その全長は数センチメートルほどだった。当然、そのうんこも小さかったにちがいない。

その後、軟体動物《なんたいどうぶつ》などの台頭もみられるものの、サカナは1億年間以上も生態系の下位《かい》の存在だった。サカナの台頭が本格化するのは、約4億１９００万年前にデボン紀が始まってからだ。

デボン紀の前の時代であるシルル紀に、サカナは初めて「顎《あご》」をもつようになった。同種を含《ふく》むさまざまな獲物《えもの》を「噛《か》み砕《くだ》く」ことができるようになったのである。そして、デボン紀になると、顎《あご》をもつサカナがいっきに勢力《せいりょく》を伸張《しんちょう》し、現在へとつづく〝サカナを頂点《ちょうてん》とする海洋生態系《かいようせいたいけい》〟を構築《こうちく》することになる。

「コプロライトが豊富《ほうふ》にみられる」とされる石炭紀《せきたんき》の後期は、サメの仲間、つまり「軟骨魚類《なんこつぎょるい》」が台頭《たいとう》した時代として知られる。そんな時代から、コプロライト、とくにスパイラルなコプロライトが増え始める。〝サカナを頂点とする海洋生態系〟において、軟骨魚類が確固《かっこ》たる地位を確保した、その時期と一致《いっち》する。

陸棲動物《りくせいどうぶつ》のコプロライトが増え始めるのは、約2億１００万年前に中生代三畳紀《ちゅうせいだいさんじょうき》が始まってからだ。三畳紀、ジュラ紀、白亜紀《はくあき》と約６６００万年前まで続く中生代は、「恐竜《きょうりゅう》の時代」として知られる。発見される「陸棲動物のコプロライト」の多くは、大型の恐竜類が残したものとされている。10メートル超級が珍《めずら》しくなかった彼らにふさわしく、この時代のコプロライトは大きなものが多い。つまり、発見しやすい。

約６６００万年前に1つの隕石《いんせき》が落下《らっか》し、中生代が終焉《しゅうえん》すると、恐竜類は鳥類を残して姿を消した。コプロライトの〝主《あるじ》〟は、その多くが哺乳類《ほにゅうるい》のものへと移行する。ただし、恐竜類ほど大型化しなかった哺乳類は、コプロライトも恐竜類ほど残していない（見つかりやすいものではない）。

約２５８万年前に始まった新生代第四紀《しんせいだいだいよんき》になると、特定の場所でコプロライトが残るようになる。

その場所は、洞窟《どうくつ》や永久凍土《えいきゅうとうど》だ。

洞窟のコプロライトは、そこで暮らしていた動物が残したうんこが化石化したもの。人類のうんこも含まれる。第四紀以前の地球にももちろん洞窟は存在し、多くの動物がそこで暮らし、うんこを排泄《はいせつ》していたことだろう。しかし洞窟はいずれ崩れるもので、古い時代のうんこは、洞窟もろとも残っていない。第四紀という新しい時代だからこそ、洞窟とうんこは残るのだ。

永久凍土のコプロライトは、夏でも溶《と》けることのない凍《こお》った土の中で、〝冷凍保存《れいとうほぞん》〟されたうんこである。永久凍土が、うんこを保管《ほかん》する冷凍庫になった、ケナガマンモスのものとみられるコプロライトが永久凍土から発見され、その分析《ぶんせき》からケナガマンモスの食事内容が推測《すいそく》された例もある。

時代とともに変わるうんこ。いよいよ本書も終盤《しゅうばん》となった次章《じしょう》では、時代ごとの例をみていこう。

生命とうんこの歴史
46億年前
地球誕生!
40億年前
海ができる!
〜38億年前
膜に包まれてる
みえない大きさ
最初の生命!
最初の光合成!
21億年前?
多細胞生物現わる!
19億年前〜
コプロライトらしき粒子!
6億年前
エディアカラ紀!
生物のサイズと多様性が爆発する!!
古生代
生物の身体が大型化、つまりうんこも大きくなり化石に残りやすくなる!
中生代
恐竜などのは虫類の食性が肉食・雑食・植物食と多様化。うんこもより多彩を極めていく。
新生代
よりフレッシュなうんこが見つかるよ!
氷河時代のうんこ
永久凍土の中に凍りついたフレッシュなマンモスのうんこや凍りづけマンモスの体内から消化物も見つかる!
洞穴のうんこ
新しい時代となると洞穴の中で化石化したうんこも残っていて、古代人類の食生活のヒントになったりする!

第6章

「うんこ化石」と世界

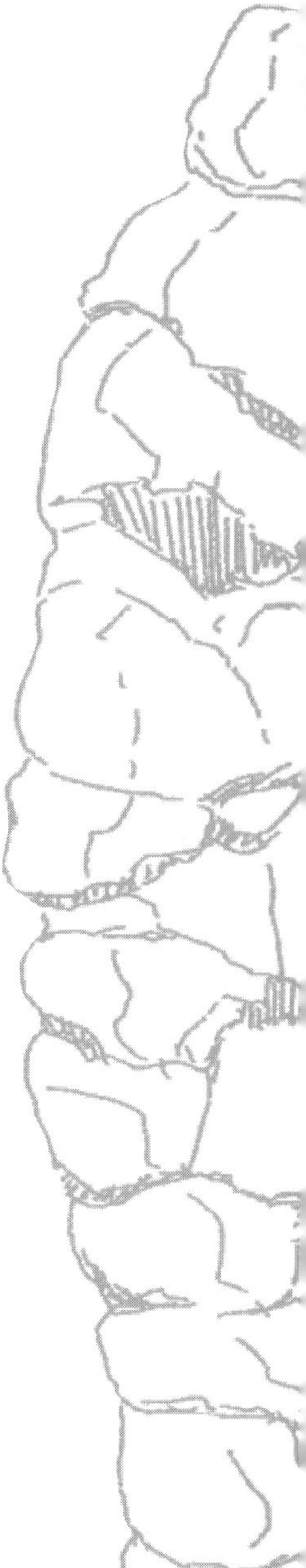

第6章 「うんこ化石」と世界

コプロライトが豊富《ほうふ》に発見される地層は、約3億2300万年前に始まった石炭紀《せきたんき》の後期以降のもの。でも、生命の歴史はそのはるか前から始まっているし、動物（らしい生物）は、約5億6000万年前のエディアカラ紀後半には登場している。そして、約5億3900万年前になると、古生代《こせいだい》カンブリア紀がはじまり、化石として発見される動物の種数がいっきに増える。

この章では、カンブリア紀以降のコプロライトを時代順《じだいじゅん》にみていこう。各時代のコプロライトの研究例をいくつか紹介《しょうかい》する。時代とともに移《うつ》り変わるうんこと、生態系《せいたいけい》、そして、研究手法などに注目されたい。うんこの歴史をたどることは、動物たちの喰う・喰われるの歴史につながっていくのだ。

第1節　うんこ化石と、カンブリア紀の世界

古生代最初の時代である「カンブリア紀」は、約5億3900万年前にはじまり、約4億8500万年前まで続いた。

この時代は、「〝本格的《ほんかくてき》な弱肉強食《じゃくにくきょうしょく》時代《じだい》〟のはじまり」として知られる。

動物は（ほとんど）陸上進出をしていない。彼らの〝主戦場《しゅせんじょう》〟は水中だった。

この時代になって、動物たちは、ひれやあしをもち、水中を、あるいは、水底を動き回る種が増えた。眼をもち、視覚によって世界を把握《はあく》できる種も登場した。トゲで武装《ぶそう》するもの。硬《かた》い殻《から》で防御《ぼうぎょ》を固めるもの。水底下に穴《あな》を掘《ほ》って逃《に》げるもの。世界はこの時から、いっきにアグレッシブなものとなった。

もっとも、「硬い殻で防御」とはいっても、硬い組織を備《そな》えたものが多数派《たすうは》になったというわけではない。三葉虫類《さんようちゅうるい》や一部の無脊椎動物《むせきついどうぶつ》こそ炭酸カルシウム製の硬い殻をもっていたものの、多くの動物のからだは軟《やわ》らかい組織でできていた。ちなみに、我らが脊椎動物《せきついどうぶつ》の祖先たるサカナは、存在はしていたものの、顎《あご》も歯も鱗《うろこ》ももっていないという状態だ。サイズも、あなたの親指の第1関節ほどしかない。

一般《いっぱん》に、化石は硬組織《こうそしき》ほど残りやすく、軟《なん》組織ほど残りにくい。しかし、ごく稀《まれ》に、そんな軟組織を化石として保存している〝特殊《とくしゅ》な地層〟が存在する。その〝特殊な地層〟があるからこそ、私たちは、軟組織しかもたない動物が多くいたカンブリア紀の世界を知ることができるのだ。ちなみに、カンブリア紀は、この〝特殊な地層〟がつくられやすい海洋環境《かいようかんきょう》だった、という指摘《してき》がある。

こうした〝特殊な地層〟の代表格《だいひょうかく》が、カナダに分布《ぶんぷ》するバージェス頁岩《けつがん》だ。本書《ほんしょ》でもこれまでに少しだけ登場したアノマロカリス（*Anomalocaris*）をはじめとして、多くの動物化石が発見されている。似たような地層は、世界各地でいくつか発見されており、「ＢＳＴ」とも呼ばれている（Burgess Shale-Typeの略。ＢＴＳ《防弾少年団》ではないことに注意。もっとも、アイドルという意味ではあまりちがいはないのかもしれない）。

軟組織が保存されやすいＢＳＴ。そんな地層であれば、うんこが化石として残っていても不思《ふし》議《ぎ》ではない。カンザス大学（アメリカ）のジュリアン・キミングとルーク・Ｃ・ストロッツは、アメリカのネヴァダ州とユタ州に分布するＢＳＴから採集《さいしゅう》されたコプロライトらしきもの40個を分析し、その結果を２０１７年に発表している。

その〝コプロライトらしきもの〟のサイズは、13～42ミリメートル。深海《しんかい》でできた地層の中に確認された。炭素《たんそ》の膜《まく》でコーティングされており、多くはさまざまな生物の微小《びしょう》な骨格片《こっかくへん》を含《ふく》んでいた。炭素は有機物《ゆうきぶつ》、つまり、生命活動と関係しやすい。そのうえ、生物の微小な骨格片を含んでいることから、この〝コプロライトらしきもの〟は、まさしく「コプロライトである」と判断《はんだん》された。

キミングとストロッツは、40標本《ひょうほん》を5つのタイプに分類《ぶんるい》している。

タイプ1は、全標本の過半《かはん》を占《し》める。サイズは13〜42ミリメートル。つまり、キミングとストロッツが調べたコプロライトの中で、最小のものも、最大のものも、このタイプに含まれている。このコプロライトは、より細かな粒子《りゅうし》の集合体だ。その粒子の数は、最多の場合で数百個。三《さん》葉虫類《ようちゅうるい》の殻《から》の断片《だんぺん》とみられるものや、分類は特定できないけれども、何らかの動物の破片《はへん》とみられるものが確認できるものもある。

タイプ2のコプロライトは、19〜35ミリメートル。多くは楕円形《だえんけい》だ。そして、楕円形の粒子が集まってできている。

タイプ3とされたコプロライトは、1標本だけだ。サイズは長さ36ミリメートル、幅《はば》12ミリメートルの楕円形。内部に長径0・5ミリメートルから12ミリメートルの骨格片がびっしりと詰《つ》まっていた。

タイプ4は、おそらく巣穴に詰められて保存されたコプロライトと考えられた。長さ59ミリメートルから105ミリメートル、幅7ミリメートルから35ミリメートルのチューブ状の領域《りょういき》に、小さな粒子《りゅうし》がみっちりと詰《つ》まってつくられていた。

タイプ5も、タイプ4と同じであり、巣穴にみっちりと粒子が詰まったコプロライトと考えられた。巣穴のサイズは、長さ60ミリメートルから130ミリメートル、幅《はば》は7ミリメートル。タイプ4と異なり、こちらには三葉虫類《さんようちゅうるい》をはじめとするいくつかの動物の殻《から》が詰まっていた。

5タイプのうち、タイプ4とタイプ5だけではなく、実はタイプ1も巣穴に詰まったものなのではないか、とキミングとストロッツは書いている。

つまり、この時代の動物に「巣穴にうんこを溜《た》める」生態《せいたい》のものがいたことが示唆《しさ》されたことになる。そして、同じ地層に含《ふく》まれている化石から、その〝うんこの主《あるじ》〟は節足動物《せっそくどうぶつ》や鰓曳《えらひき》動物《どうぶつ》（蠕虫状《ぜんちゅうじょう》の無脊椎動物《むせきついどうぶつ》）である可能性《かのうせい》が高いという。

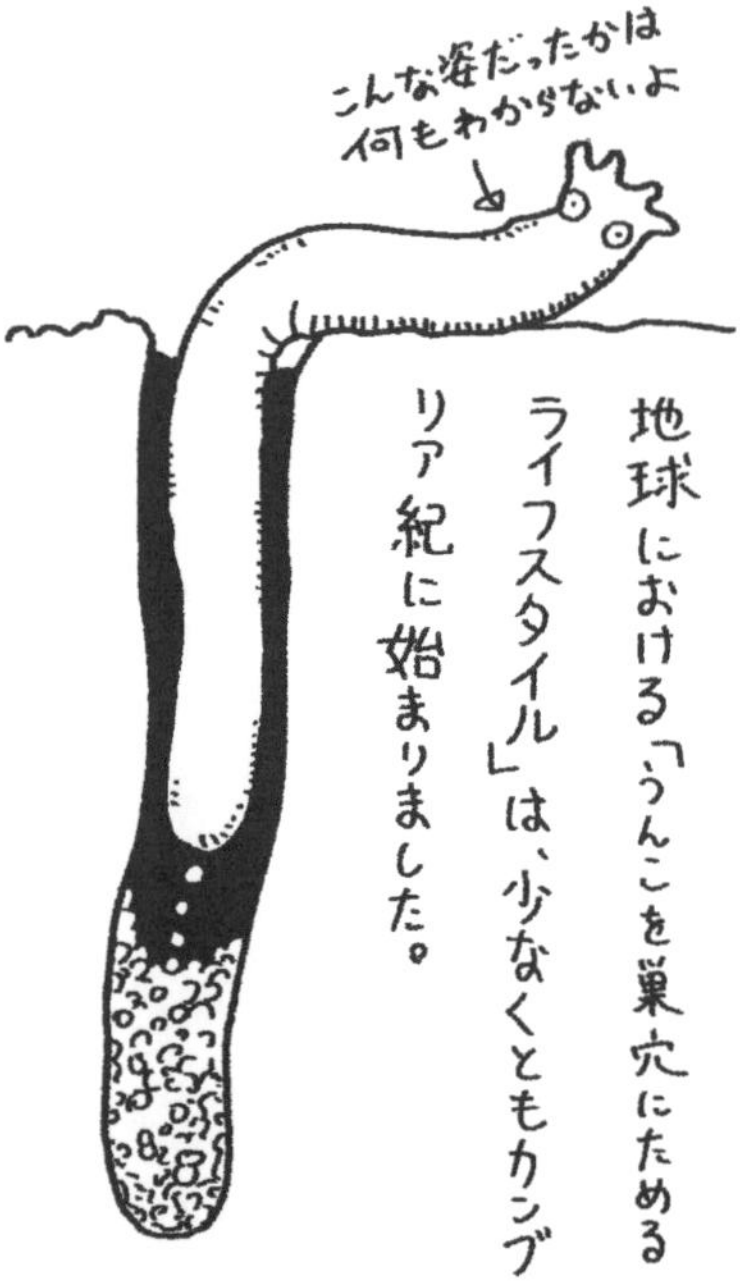

この時代すでに“トイレ”（特定の場所にするうんこ）はあったみたいだ。

一方、タイプ2やタイプ3のコプロライトは、大型の動物が存在していたことを示唆している。とくにタイプ3からは、硬《かた》い骨格《こっかく》をもつ獲物《えもの》さえも噛《か》み砕《くだ》く能力のある動物がいたことがわかる。

BSTのコプロライトの分析《ぶんせき》から、カンブリア紀の海洋世界にまちがいなく弱肉強食《じゃくにくきょうしょく》が存在し、うんこの排泄場所《はいせつばしょ》もすでに工夫されていたことが見えてくる。

うんこと、うんこに群《むら》がるものたちと

2018年になって、キミングは、サスカチュワン大学（カナダ）のB・R・プラットとともに、カナダのカンブリア紀の新たなBSTから、新たなコプロライトを報告した。

合計150標本《ひょうほん》に及ぶその化石は、平均直径15ミリメートルほどの円形（球形ではない）で、その内部には、0・5〜2ミリメートルの小さな楕円形《だえんけい》の粒子が詰まっていた。ときおり、アグノスタス類と呼ばれる節足動物の殻をはじめとして、いくつかの動物の殻化石が含まれていた。

アグノスタス類とは、三葉虫類のように硬質《こうしつ》な殻を前後にもつ節足動物で、三葉虫類のように前後の殻を折り畳《たた》んだ防御形態《ぼうぎょけいたい》をとることで知られている。円形内に含まれるアグノスタス類の化石は、まさしくその防御形態をとっていた。

キミングとプラットは、この円形を巣穴の断面と判断した。かつての海底に掘《ほ》られたチューブ状の巣穴。その断面が地層面に出てきており、それを観察しているという。

円の中に含まれる小さな楕円形の粒子は、形状的にみてうんこに近く、また化学分析の結果も、それが何らかの生物の遺骸《いがい》である可能性を指摘《してき》していた。アグノスタス類の殻などは、消化

できずに排泄《はいせつ》されたものとみなされた。

なお、コロライトである可能性《かのうせい》は、「小さな楕円形《だえんけい》の粒子《りゅうし》があること」から否定された。腸内にあるものがそのまま化石となったのであれば、〝うんこ単体のような形〟にはならなかったと判断《はんだん》されたのだ。「小さな楕円形」になったのは、「肛門《こうもん》を通ったからこそ」と考えられた。

つまり、この円形は、巣穴にびっしりと詰《つ》まったコプロライト（の断面）であるという。

残念ながら、このコプロライトの〝主《あるじ》〟の特定には至《いた》ってない。しかし、円形が巣穴の断面であるというのなら、〝主〟の断面も円形に近いはず。つまり、蠕虫状《ぜんちゅうじょう》の動物である可能性が高いとみられた。

そして、円形の縁は綺麗《きれい》な形状で、どこも崩《くず》れてはいなかった。このことは、〝主〟が、大きなトゲなどをもっていなかったことを示唆《しさ》している。

アグノスタス類などの殻《から》が含《ふく》まれているコプロライトは、全体からみれば、わずかだった。このことから、〝主〟が獲物《えもの》を選択する能力があったことが指摘《してき》されている。そして、それでも時折《ときおり》、消化できない硬組織《こうそしき》をもつものを食べてしまうこともあったらしい。防御形態《ぼうぎょけいたい》のアグノスタス類は、彼らが〝主〟に、まさに生きたまま襲《おそ》われたことを示唆している。

そんなコプロライトの上や、まわりにある化石として、防御形態をとっていないアグノスタス類や、関節がつながったままのヒオリテス類が報告されている。ヒオリテス類とは、円錐形《えんすいけい》の殻と蓋状《ふたじょう》の殻をもつ動物だ。この2つの殻は生きているうちはつながっているものの、何らかの力をうければたやすく分離《ぶんり》したと考えられている。

防御形態をとっていないアグノスタス類の化石が発見されたということから、そのアグノスタス類が危険《きけん》を感知していなかったことがわかる。外れやすい関節がつながったままのヒオリテス類の化石からは、そのヒオリテス類の死に際《さい》して、物理的な衝撃《しょうげき》がなかったことが示唆された。キミングとプラットは、こうした動物はうんこに群がった糞食者《ふんしょくしゃ》であったと指摘している。

2人が考える物語は次のようなものだ。まず、この海底には、断面が円形となるような筒状の巣穴を掘《ほ》り、そこにうんこをためる蠕虫状の動物がいた。その動物は、基本的には軟組織《なんそしき》の獲物、あるいは、プランクトンなどを捕《ほ》食《しょく》していたものの、時折、誤って硬組織をもつアグノスタス類なども食べてしまうこともあった。そんな不運《ふうん》なアグノスタス類は、防御形態のママ、うんこに混《ま》ざる。

排泄されたうんこによって巣穴は埋まり、やがてその蠕虫状の動物は、その巣穴を放棄《ほうき》する。第4章で紹介したズーフィコスのような多層トイレはつくらない。

一方、残された巣穴は糞食者（ヒオリテス類やアグノスタス類など）にとっては、食料庫《しょくりょうこ》のようなものだ。〝主〟たる蠕虫状の動物がいなくなったことを幸いに（なにしろ、〝主〟は勘違《かんちが》いで彼らを食べてしまう）、そのうんこに群がった。

しかし、何らかの理由……例えば、いきなり無酸素の水塊《すいかい》がやってきて、彼らを窒息死《ちっそくし》させてしまうなどの理由で、糞食者《ふんしょくしゃ》たちはうんこの上、もしくは、近くで息絶《いきた》えた。そして、長い時をへて、円形の断面《だんめん》を見せるコプロライトと、その近くにいる動物化石として発見されたというわけである。

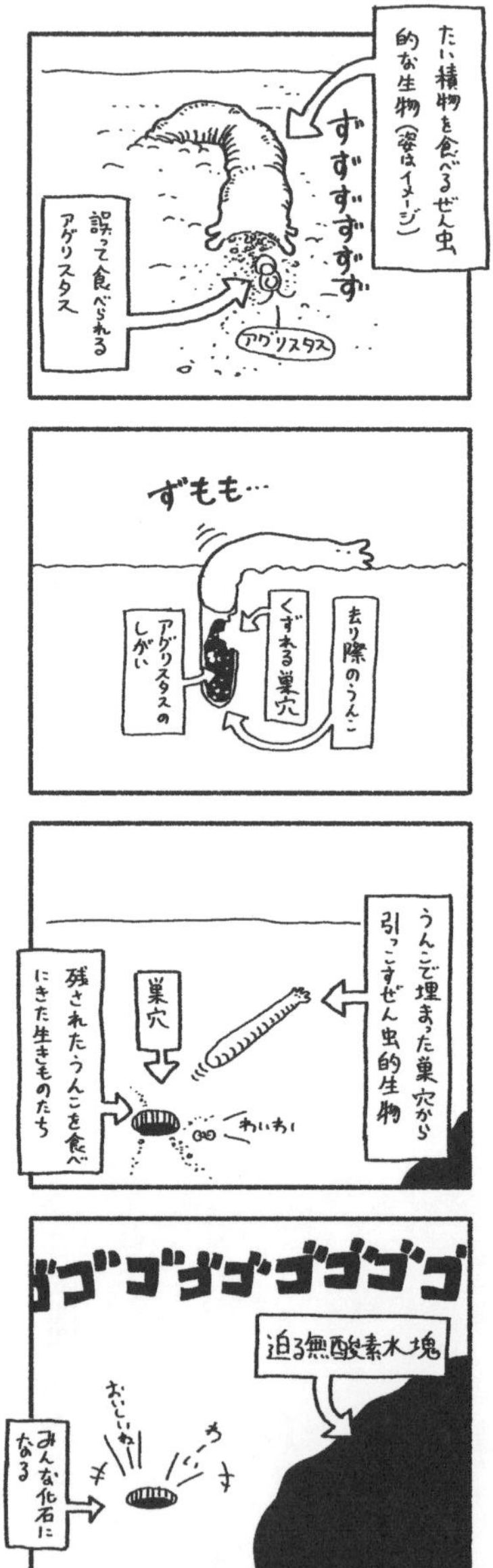

生命史において「最初の〝本格的《ほんかくてき》な弱肉強食時代《じゃくにくきょうしょくじだい》〟」であるカンブリア紀でも、すでにこれほどまでに複雑《ふくざつ》な生態系《せいたいけい》が構築《こうちく》されていたことがわかる。海洋生態系は完成し、襲《おそ》うもの、襲われるもの、うんこを食べるものなど、さまざまな〝地位《ちい》〟がすでに存在していたのだ。

第2節 うんこ化石と、オルドビス紀の世界

カンブリア紀に続く古生代《こせいだい》第《だい》２の時代が、「オルドビス紀」だ。約４億８５００万年前にはじまり、約４億４４００万年前まで続いた。

カンブリア紀に出現した多種多様《たしゅたよう》な水棲《すいせい》の動物群は、この時代に仲間を増やしていった。この多様化は、「オルドビス紀の生物大多様化事変《せいぶつだいたようかじへん》（Great Ordovician Bio-diversification）」や、「オルドビス紀の大放散《だいほうさん》」「オルドビス紀の放散（Ordovician radiation）」などと呼ばれる。

オルドビス紀の生物大多様化事変は、オルドビス紀のほぼ全期間にわたって続いた。この時代に古生代の海洋生態系《かいようせいたいけい》の基礎《きそ》が完成したといわれている。

生態系の主役は、三葉虫類《さんようちゅうるい》を中心とした節足動物《せっそくどうぶつ》である。腹足類《ふくそくるい》（巻貝《まきがい》の仲間）、二枚貝類《にまいがいるい》、頭足類《とうそくるい》（オウムガイの仲間）といった軟体動物《なんたいどうぶつ》も多様化が進んだ。

タリン工科大学《こうかだいがく》（エストニア）のウルスラ・トゥームたちは、エストニアを含《ふく》むバルト海沿岸《えんがん》の各国に分布《ぶんぷ》するオルドビス紀の地層から採集《さいしゅう》された約１８０個の〝コプロライト付の体化石《たいかせき》〟について分析《ぶんせき》し、２０２０年にその結果を報告した。

ここでいう〝コプロライト付の体化石〟の「コプロライト」とは、カプセル状の粒子《りゅうし》のことだ。

その長さは、0・1ミリメートルから1・8ミリメートルで、その直径は0・08ミリメートルから0・5ミリメートル。粒子《りゅうし》の内部にはいっさいの構造《こうぞう》が確認できず、その成分は〝コプロライト付の体化石《たいかせき》〟が含《ふく》まれていた地層と類似《るいじ》していた。形状と成分から、堆積物《たいせきぶつ》を食べるタイプの動物のうんこである可能性《かのうせい》が高いとされた。

トゥームたちが分析対象《ぶんせきたいしょう》とした体化石約180個のうち、その過半は腹足類《ふくそくるい》、つまり巻貝《まきがい》だった。巻貝の殻《から》の化石の中に、小さなコプロライトがびっしりと詰《つ》まっていたのだ。その他、二《に》枚貝類《まいがいるい》、頭足類《とうそくるい》、腕足動物《わんそくどうぶつ》、棘皮動物《きょくひどうぶつ》、三葉虫類《さんようちゅうるい》などにも、大なり小なり、似たようなコプロライトが確認された。

興味深いのは、巻貝の殻の中にあったコプロライトだ。それは、とくに殻の最深部《さいしんぶ》に詰まっていたという。ちなみに、巻貝の肛門《こうもん》は殻の奥《おく》にあるわけではなく、殻の口に位置している（殻の奥に肛門があったら、うんこを排泄《はいせつ》できないので、よく考えれば、当たり前の話だが）。

では、このコプロライトの〝主《あるじ》〟は、誰なのか？

トゥームたちは、殻の大きさとコプロライトのサイズに関係がないことも明らかにしている。大きな巻貝の殻の中に大きなコプロライトが詰まっているわけではなく、小さな巻貝の殻の奥にあるコプロライトの大きさが小さいわけではないのだ。

トゥームたちは、コプロライトの〝主〟は、巻貝の仲間ではなく、別の動物であるとみている。

巻貝が死に、軟体部《なんたいぶ》が腐《くさ》って消失《しょうしつ》し、殻だけが残った。その殻を住居《じゅうきょ》として使った別の動物が、殻の奥をトイレとして使っていたのではないか、というのである。

巻貝の殻の奥《他人の家》で排泄する。

そんなことが、この時代にごく普通におこなわれていた。巻貝の殻の奥に詰まったコプロライトは、その証拠なのだ。さらに、このうんこは、自身が住居として使っていた殻ではなく、一時的《いちじてき》に隠《かく》れ家《が》として使った殻に排泄された可能性があることも指摘《してき》されている。

オルドビス紀は、生物大多様化事変《せいぶつだいたようかじへん》によって種の多様性が増加《ぞうか》するとともに、うんこの排泄の仕方もバラエティに富《と》み始めたといえるのかもしれない。

第3節 うんこ化石と、デボン紀の世界

オルドビス紀の次の時代を、「シルル紀」という。この時代、ついにサカナの中に「顎《あご》」をもつ

種が出現した。メートル級も登場し、いよいよ〝台頭《たいとう》の兆《きざ》し〟を見せる。しかし、シルル紀の生《せい》態系《たいけい》におけるサカナの動向は、あくまでも〝台頭の兆し〟だ。生態系の主役が節足動物《せっそくどうぶつ》や軟体《なんたい》動物《どうぶつ》であることは、オルドビス紀と変化はない。

海洋生態系に「大きな変化」が生《しょう》じ、その変化がコプロライトにおいてもはっきりと確認できるようになるのは、シルル紀の次の時代である「デボン紀」になってからだ。

デボン紀は約4億1900万年前にはじまり、約3億5900万年前まで続いた。この時代、顎《あご》をもったサカナたちがついに台頭した。全長数メートルという大型種も登場し、海洋生態系の最上位はサカナのものとなった。そして、遅くてもデボン紀の後期（約3億7000万年前ごろ）には、サカナの中に四足をもつものが出現し、地上世界への上陸を果《は》たす。

シレジア大学（ポーランド）のミハウ・ザートンとミハウ・ラコチンスキーは、まさにそんなデボン紀の後期のコプロライトを2013年に報告している。

ザートンとラコチンスキーが注目したのは、ポーランド中央部のホーリー・クロス山脈《さんみゃく》から産した30個の粒子《りゅうし》だ。大きさはさまざまで、長さは小さなもので6ミリメートル、大きなものでは18ミリメートル。幅《はば》は2・7ミリメートルから9・2ミリメートルあった。成分分析《せいぶんぶんせき》の結果、豊《ほう》富《ふ》なリン酸カルシウムが検出《けんしゅつ》され、さらに節足動物、サカナ、多毛類《たもうるい》やプランクトンなどの内《ない》包物《ほうぶつ》が確認された。こうしたデータをもとに、ザートンとラコチンスキーはこの岩塊《がんかい》をコプロライトと判断している。

内包物で最も多く確認されたのは、節足動物の殻《から》の断片《だんぺん》だった。また、サカナの場合は、鱗《うろこ》や歯が確認できた。鱗は条鰭類《じょうきるい》のものである可能性が高く、歯は肉鰭類《にくきるい》のものである可能性《かのうせい》が高いという。

条鰭類は、マグロやサケ、メダカなど、今日の私たちにとって最も身近なサカナたちのグループである。肉鰭類は、現生種《げんせいしゅ》ではラティメリア（*Latimeria*：いわゆる「シーラカンス」）や、ハイギョなどが含《ふく》まれる。デボン紀の後期に上陸作戦を展開《てんかい》したサカナも、肉鰭類の一員だ。前節《ぜんせつ》（オルドビス紀）までは、これほどまでに明確《めいかく》な硬組《こうそ》織《しき》は含まれていなかった。明らかにちがう。時代の変化をうんこの内包物から推測《すいそく》することは容易《ようい》だろう。

しかもコプロライト内に、生態系の上位に君臨《くんりん》していたはずのサカナの断片が含まれている。条鰭類も肉鰭類もけっして〝弱いサカナ〟ではない。そんなサカナを狩《か》る存在が出現していたことを、ホーリー・クロス山脈のコプロライトは示《しめ》しているのだ。

ザートンとラコチンスキーによると、コプロライトの〝主《あるじ》〟

が遠洋性《えんようせい》の肉食魚だった可能性《かのうせい》があるという。候補《こうほ》となるサカナは、条鰭類《じょうきるい》や肉鰭類《にくきるい》、軟骨魚類《なんこつぎょるい》（サメの仲間。ただし、この時代、まだサメは出現していない）などたくさんいる。ホーリー・クロス山脈《さんみゃく》の状況《じょうきょう》だけでは、こうした候補から〝主《あるじ》〟を絞《しぼ》り切れないものの、ザートンとラコチンスキーはアメリカで発見された軟骨魚類のコロライトの内包物《ないほうぶつ》とよく似ていることから、少なくともホーリー・クロス山脈産の一部のコプロライトの〝主〟は、軟骨魚類のものではないか、と指摘《してき》している。

かくして、うんこがうんこらしくなってきた。

第4節 うんこ化石と、ペルム紀の世界

デボン紀の次の時代は、「石炭紀《せきたんき》」だ。約3億5900万年前にはじまり、約2億9900万年前まで続いた。

時代名が示すように、石炭紀にできた地層からは、石炭が豊富《ほうふ》に産出《さんしゅつ》する。それは、この時代の地上に大森林が築《きず》かれていたことによる。大森林が地中に埋《うも》れ、石炭となったのだ。

この時代から、軟骨魚類《なんこつぎょるい》のコプロライトが目立つようになる。デボン紀の〝脊椎動物《せきついどうぶつ》のうんこ

が確認できる生態系〟は、石炭紀により顕著《けんちょ》になり、続いていくわけだ。

石炭紀の次の時代である「ペルム紀」になると、陸上動物のコプロライトにも、時代を反映した〝興味深《きょうみぶか》い例〟がみられるようになる。本書《ほんしょ》では、その1つの例として、２０１１年にイジコ・南アフリカ博物館のロジャー・M・H・スミスと、南アフリカ国立博物館のジェニファー・ボタ＝ブリンクが報告した１５０個のコプロライトを紹介しておこう。

スミスとボタ＝ブリンクが注目したコプロライトは、約2億９９００万年前から約2億５２００万年前まで続いたペルム紀の後半のもの。南アフリカのカルー盆地《ぼんち》に分布《ぶんぷ》する地層から集められた。

１５０個のコプロライトは、5つのタイプに分けることができるという。

1つ目のタイプは、長さ53〜１１４ミリメートルの円筒形《えんとうけい》で、両端《りょうたん》は丸まっている。

2つ目のタイプは、長さ42〜60ミリメートルの円筒形で、両端は角張《かくば》っている。

3つ目のタイプは、長さ47〜60ミリメートルの円筒形で、両端が鋭《するど》くなっている。

4つ目のタイプは、長さ25〜61ミリメートルの砲弾型《ほうだんがた》。

5つ目のタイプは、平均直径60ミリメートルの円盤型《えんばんがた》。

このうち、最も多いタイプは4つ目の砲弾型《ほうだんがた》で、全体の55パーセントを占める。最も少ないタイプは、5つ目の円盤型《えんばんがた》で全体の2パーセントほどだ。いずれのタイプのコプロライトにも内部に動物の骨片《こっぺん》が含まれていた。形状とあわせてその骨片が、これらをコプロライトとして扱う根拠《こんきょ》にもなっている。また、全体的に、現生《げんせい》のネコ科やイヌ科のうんこと形状が似ているため、スミスとボタ＝ブリンクは、これらのコプロライトも肉食動物が排泄《はいせつ》したもので（もちろん、骨片が含まれているということは、脊椎動物《せきついどうぶつ》を襲《おそ》ったということだ）、そして、排泄時に十分の硬《かた》さがあり、そして、排泄後にさほど時間が経過《けいか》する前に、地中に埋没《まいぼつ》したと分析《ぶんせき》している。ちなみに、この時代、ネコ科やイヌ科はもとより、哺乳類《ほにゅうるい》さえも出現していない。

　150個のコプロライトは、1か所ではなく、広範囲《こうはんい》から拾《ひろ》い集められたものだ。ペルム紀当時のカルー盆地《ぼんち》の環境そのものが、うんこの保存に向いていたのかもしれない（具体的《ぐたいてき》にはわからないけれども）。

　スミスとボタ＝ブリンクは、それぞれのタイプ別にコプロライトの〝主《あるじ》〟の特定に挑んでいる。

　1つ目のタイプは、とにかく大きい。そして、内容物として、大きな骨片や関節したままの四肢《しし》が含《ふく》まれていることがあった。そのため、スミスとボタ＝ブリンクは、このタイプの〝主〟を「ゴルゴノプス類」の

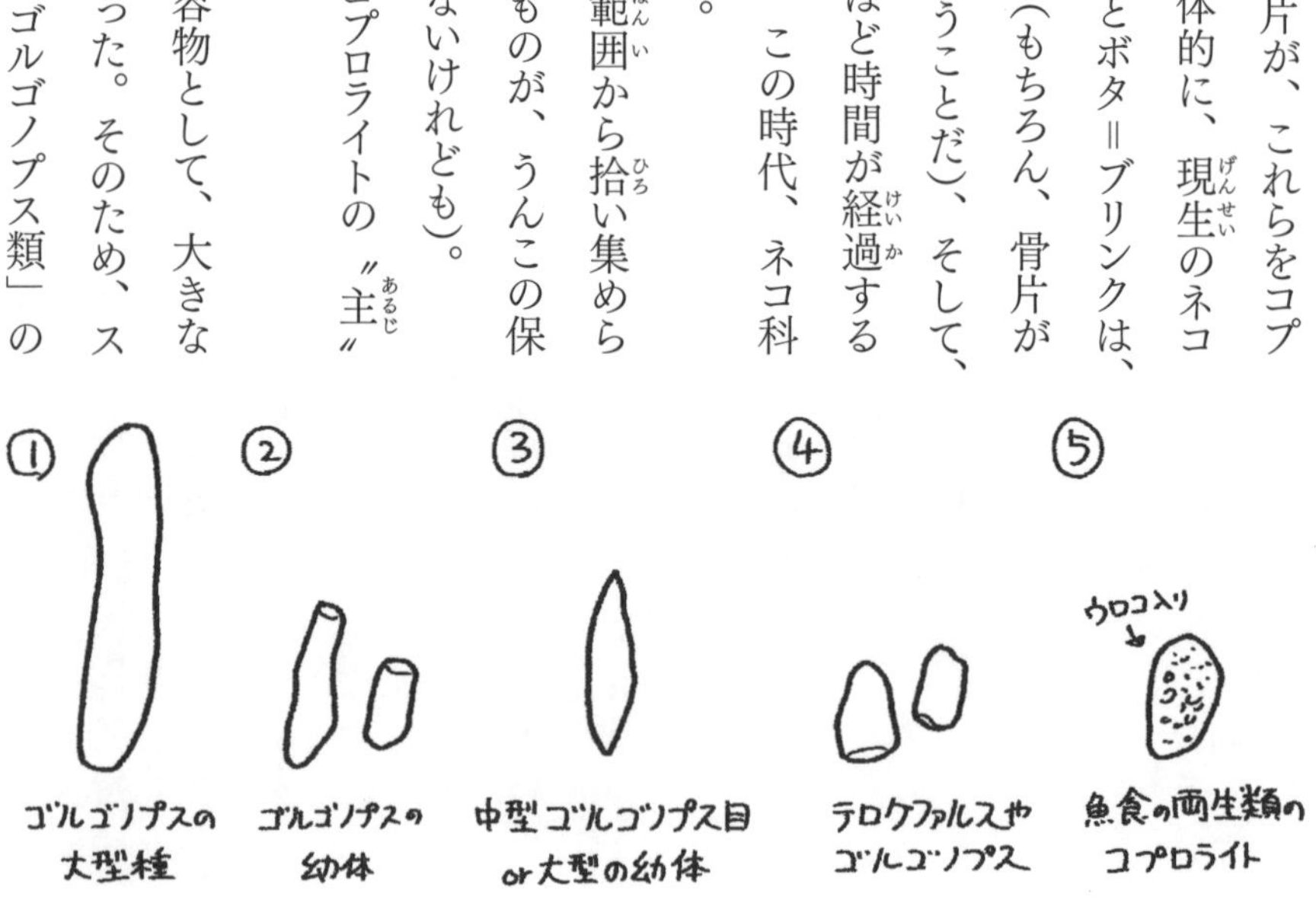

カルー盆地で発見された5タイプのコプロライト。
Smith and Botha-Brink (2011)を参考に作図。

前恐竜時代の覇者、ゴルゴノプス類。
彼らのうんこは、10cm長?

可能性《かのうせい》が高いと位置付《いちづ》けた。

ゴルゴノプス類とは、当時の生態系《せいたいけい》の最上位に君臨《くんりん》した四足動物《しそくどうぶつ》だ。その化石は、世界各地から発見されている。グループ全体の特徴《とくちょう》として、前後に長い頭部《とうぶ》、やや長い首、やや長い四肢《しし》をもち、口には長い犬歯《けんし》があった。哺乳類と同じ単弓類《たんきゅうるい》と呼ばれるグループに属《ぞく》し、ペルム紀末に姿を消した。哺乳類の祖先《そせん》の親戚《しんせき》のようなものだ。全長は1メートル前後のものが多いが、最大種は3メートル超と現生のライオン並《なみ》の体格をもっていたことがわかっている。たしかに、この大きさであれば、長さ10センチメートル長のうんこを残しても不思議《ふしぎ》ではない。なお、うんこの中の骨片にはあまり消化の痕跡が確認できない。そのため、〝主〟がゴルゴノプス類であるにしろ、ないにしろ、その動物の〝胃酸〟は弱かったか、あるいは消化管が短かった可能性が指摘されている。

2つ目のタイプは、1つ目のタイプとほぼ同じ形状ながらも、サイズは少し小さい。そのため、こちらはゴルゴノプス類の幼体《ようたい》か、あるいは、同サイズの近縁種《きんえんしゅ》が残したものであるという。

3つ目のタイプも、基本の形が「円筒形《えんとうけい》」という点で、1つ目、2つ目とよく似ている。そのため、こちらも中型のゴルゴノプス類や、あるいは、大型のゴルゴノプス類が〝主《あるじ》〟の候補《こうほ》となるという。

4つ目のタイプは、より大きなうんこが崩壊《ほうかい》してバラバラになったものと判断《はんだん》された。もっとも、その崩壊が排泄後《はいせつご》におきたのか、排泄前におきたのかはよくわかっていない。筆者とともに暮らすイヌを見ていても、長いうんこを排泄する時もあれば、それが分割《ぶんかつ》して排泄されることもある。「まだ出るの?」と思いながら排泄を待つ、という経験《けいけん》は、イヌと暮らしたことがある人ならば、よくわかるだろう。スミスとボタ＝ブリンクによると、4つ目のタイプがそれにあたるという。

5つ目のタイプは、唯一《ゆいいつ》、内容物にサカナの鱗《うろこ》が確認されている。基本的に、ゴルゴノプス類は内陸の捕食者《ほしょくしゃ》で、サカナを襲《おそ》っていたとは考えられていない。そこで、スミスとボタ＝ブリンクは、このタイプのコプロライトの〝主〟を、「分椎類《ぶんついるい》」という大型の絶滅両生類である可能性《かのうせい》が高いとした。

分椎類は、ワニのような姿をした種などを含み、最大種の全長は10メートル近いという巨体であり、当時の水際《みずぎわ》世界《せかい》で大いに繁栄《はんえい》していた。

いずれのタイプのコプロライトにも、〝当てはまる主〟がいる。とくに、ゴルゴノプス類のコプロライトの存在は、恐竜台頭前《きょうりゅうたいとうまえ》に単弓類《たんきゅうるい》の繁栄《はんえい》があったことを物語る証拠《しょうこ》となり得《え》るものだ。

第5節

うんこ化石と、三畳紀《さんじょうき》の世界

ゴルゴノプス類たちが繁栄したペルム紀は、約２億５２００万年前に終焉《しゅうえん》を迎えた。この時、史上最大・空前絶後《くうぜんぜつご》の大量絶滅事件《たいりょうぜつめつじけん》が発生。２０１６年にハワイ大学（アメリカ）のスティーヴン・M・スタンレイが発表した計算によると、海棲生物種《かいせいせいぶつしゅ》の約81パーセントが滅《ほろ》びたとされる。陸棲生物種《りくせいしぶつしゅ》に関しては、全地球的なデータはないものの、カルー盆地《ぼんち》では約68パーセントの脊椎《せきつい》動物《どうぶつ》が姿を消したらしい。

生態系《せいたいけい》が激変《げきへん》する大事件である。２億年以上にわたって続いた古生代《こせいだい》も幕《まく》を下《お》ろした。

ペルム紀末の大量絶滅事件の原因については諸説《しょせつ》あり、多くの研究者のコンセンサスがとれている仮説《かせつ》はまだない（このあたり、もしもご興味がおありであれば、イースト・プレスより上梓《じょうし》した拙著《せっちょ》『恐竜《きょうりゅう》・古生物に聞く第６の大量絶滅』をご覧《らん》いただきたい）。確かなことは、この大量絶滅事件によって、生態系が崩壊したということだ。

古生代が終わると、次の時代は「中生代《ちゅうせいだい》」となる。中生代は、「恐竜の時代」とも「爬虫類《はちゅうるい》の時代」とも呼ばれ、約２億５２００万年前から約６６００万年前まで続いた。この１億８６００万年間は、大きく３つの時代に区分《くぶん》されており、古い方から「三畳紀《さんじょうき》」「ジュラ紀」「白亜《はくあ》紀《き》」と名付けられている。

中生代《ちゅうせいだい》は、その別名《べつめい》が示《しめ》すように、恐竜類《きょうりゅうるい》を中心とする爬虫類の大繁栄《だいはんえい》で知られる。そして、陸の恐竜類以外にも、空では翼竜類《よくりゅうるい》、水際世界《みずぎわせかい》ではワニ類、水中では魚竜類《ぎょりゅうるい》、クビナガリュウ類、モササウルス類などの爬虫類が生態系《せいたいけい》の上位に君臨《くんりん》した。

私たちの祖先やその近縁《きんえん》の仲間たちで構成《こうせい》される当時の単弓類《たんきゅうるい》は、多様化《たようか》を進めていたものの、生態系の上位にはいなかった。かつて、ゴルゴノプス類が握《にぎ》っていた地上の覇権《はけん》を取り戻《もど》すためには、約６６００万年前に再び発生する大量絶滅事件《たいりょうぜつめつじけん》を待たなくてはいけない。

多くの研究者が注目しているのは、三畳紀《さんじょうき》のはじまりだ。

史上最大《しじょうさいだい》・空前絶後《くうぜんぜつご》の大量絶滅が勃発し、地球全体の生態系を一新《いっしん》するほどの事件が起きた時、その「一新」にどのくらいの時間がかかったのか？

その謎《なぞ》にうんこから挑《いど》む研究が、しばしば発表されている。

２０１４年、ボン大学シュタインマン研究所（ドイツ）の中島保寿《なかじまやすひさ》（現在は、東京都市大学所《とうきょうとしだいがくしょ》属《ぞく》）と、東京大学の泉賢太郎《いずみけんたろう》（現在は、千葉大学所属《ちばだいがくしょぞく》）が発表した、日本産のコプロライトに関する研究も、その1つだ。

中島と泉が報告したコプロライトは、宮城県北部《みやぎけんほくぶ》に分布《ぶんぷ》する三畳紀の前期（約2億５２００万年前～約2億４７００万年前）の地層から見つかった60個超。その地層は、海でできたものだ。

コプロライトのサイズは小さなものは長径2・2ミリメートル、大きなものは長径70・5ミリメートル。形状は球形に近いものから、細かな房《ふさ》に分かれた細長いものまでさまざまで、概《おおむ》ね、このコプロライトを脊椎動物《せきついどうぶつ》のうんことみなしても無理はないという。成分は、リン酸塩《さんえん》に富《と》み、その内部に骨片《こっぺん》が確認された。こうした特徴《とくちょう》は、このコプロライトがコプロライトであることの証拠《しょうこ》として扱《あつか》われた。なお、同じ地層からは二枚貝類《にまいがいるい》やアンモナイト類などの無脊椎動物《むせきついどうぶつ》の化石のほかに、ウタツサウルス（*Utatsusaurus*）と名付けられた全長3メートルほどの魚竜類の化石なども報告されている。

中島と泉は、化学成分や骨片《こっぺん》を含むなどの特徴から、この〝コプロライトの主《あるじ》〟が、魚竜類やサカナの仲間などではないか、と指摘《してき》している。

ポイントとなるのは、コプロライトの多様性《たようせい》だ。長径だけに注目しても、小さなものと大きなものでは、30倍を超える差がある。また、コプロライトの内部に含まれる骨片には、この地層から化石が発見されていない硬骨魚類《こうこつぎょるい》のものもあった。

このうんこを排泄した〝主〟も、うんことなった〝獲物《えもの》〟も、多様だったことが示唆《しさ》された。喰う・喰われるの複雑な生態系が、すでに完成されたことが示唆されたことになる。このコプロライトを含《ふく》んだ地層は、史上最大・空前絶後の大量絶滅事件から500万年ほど経過《けいか》した時のものとみられている。

生態系の〝完全復活《ふっかつ》〟まで、５００万年。短いとみるか、長いとみるか。

第6節 うんこ化石と、白亜紀《はくあき》の世界

中生代《ちゅうせいだい》の陸上世界では、多くのうんこが化石となった。本書《ほんしょ》の冒頭で紹介した「ティラノサウルスのコプロライト」は白亜紀のものだし、第2章でも恐竜類《きょうりゅうるい》のコプロライトの例を紹介した。また、第4章で紹介した〝共同トイレ〟は三畳紀《さんじょうき》のものだった。

多くのうんこが化石として残り、そのうんこから、古生物が生きていた時の生態《せいたい》を推理《すいり》する情報が豊富《ほうふ》に残る。それが、中生代の陸上世界だ。

では、海洋世界《かいようせかい》ではどうだろうか？

もちろん、海洋世界のコプロライトも多い。ここでは、そうしたコプロライトを研究した例の1つとして、２０１１年にルンド大学（スウェーデン）のマッツ・E・エリックソンたちが発表した白亜紀の後期のコプロライト群を紹介しておこう。

エリックソンたちが注目したのは、スウェーデンに分布する白亜紀の後期の地層だ。陸では、

大型の恐竜たちが歩き回り、海でもセグメントうんこのモササウルス類が台頭《たいとう》していた時代である。そんな時代の浅い海でつくられた地層から、コプロライトとみられる岩塊《がんかい》が採取《さいしゅ》された。その数、実に数百個。

これらの岩塊がコプロライトと判断《はんだん》された理由は、1つにはリン酸カルシウムを主成分としていることであり、1つはその〝うんこっぽい形〟であり、そして、多くの岩塊に骨片《こっぺん》が含《ふく》まれていたことによる。つまり、本書ではもはや「定番《ていばん》」とさえいえる、コプロライトの条件を兼《か》ね備《そな》えていた。

エリックソンたちは、その形状にもとづいて数百個のコプロライトを7タイプに分類した。

1つ目のタイプは、長径が25ミリメートルから60ミリメートルの大きさで、いくつかのコプロライトには骨片が確認できた。

2つ目のタイプは、たった1つだけしか発見されなかった。サイズは、縦《たて》50ミリメートル、横40ミリメートル、厚《あつ》さ30ミリメートルという板状《ばんじょう》。

3つ目のタイプは、長さ10ミリメートルから16ミリメートルで、楕円体《だえんたい》に近く、表面の一部にスパイラル構造《こうぞう》が確認できた。また、サカナの鱗《うろこ》などを含んでいた。

4つ目のタイプは、円柱状で、長さは8ミリメートルから15・6ミリメートル。表面の3分の2にスパイラル構造が確認できた。内部に骨片が確認できた。

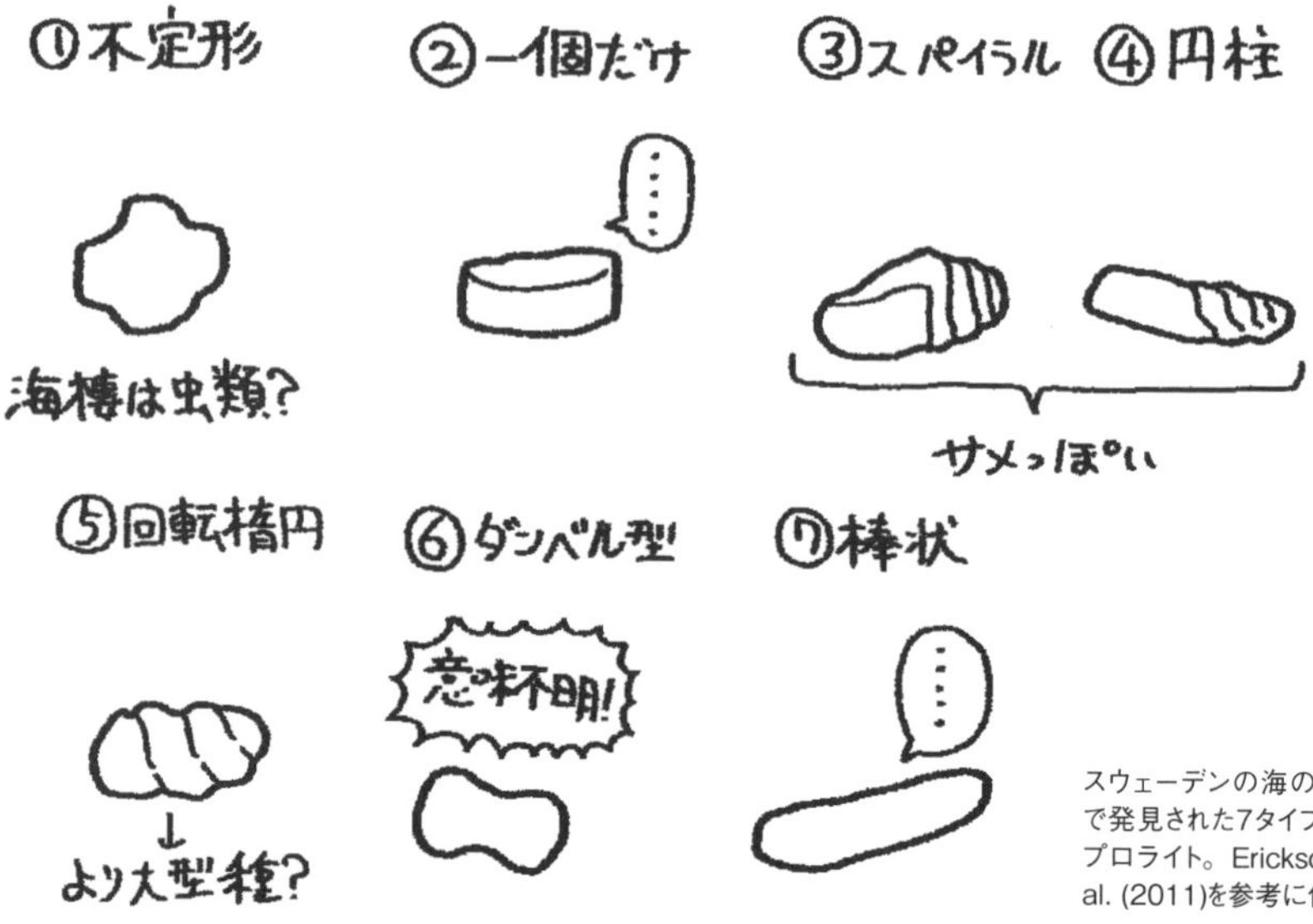

スウェーデンの海の地層で発見された7タイプのコプロライト。Erickson et al. (2011)を参考に作図。

5つ目のタイプは、回転楕円体《かいてんだえんたい》。サイズは最大で長さ26・6ミリメートル。全体にわたって、スパイラル構造《こうぞう》があった。

6つ目のタイプは、長さ5・7ミリメートルから長さ9・7ミリメートルのダンベル型。つまり、両端《りょうたん》が大きく膨《ふく》らんでいた。

7つ目のタイプは、棒状《ぼうじょう》で、その長さは6ミリメートルから17ミリメートルだ。4つ目のタイプによく似ており、何らかの影響《えいきょう》をうけてスパイラル構造が消えている可能《かのう》性《せい》をエリックソンたちは指摘している。

コプロライトの〝主《あるじ》〟を特定していく際に、参考となる「スパイラル構造」。これは、サメの仲間のコプロライトである可能性を示《しめ》している。すなわち、3つ目のタイプ、4つ目のタイプ、5つ目のタイプの〝主〟も、サメの仲間である可能性が高い。

ただし、エリックソンたちは、5つ目のタイプの〝主〟は、サメの仲間ではないとみている。その形状がきれいすぎること、また、内部にうろこや骨片《こっぺん》が確認できないことなどがその理由だ。サイズからみても、3つ目や4つ目の〝主〟よりは大型種だったのではないか、としている。

3つ目と4つ目も、似たようなスパイラル構造であり、似たような中身である。サイズも似《に》ている。しかし、形状そのものは明らかに異《こと》なる。そのため、エリックソンたちは、この海域《かいいき》にいたサメの仲間には、少なくても2つのグループがあった可能性が高いとみている。

1つ目のタイプは、「大きい」ということ以外にこれといった特徴《とくちょう》がない。ただし、推理《すいり》には「特徴がない」ことも大切な手がかりだ。このことから、エリックソンたちは、より大型のサカナや海棲《かいせい》の爬虫類《はちゅうるい》が排泄《はいせつ》したものではないか、と指摘《してき》している。当時の海棲爬虫類といえば、モササウルス類以外にも、「ピー助」でおなじみのクビナガリュウ類がいたり、イルカのような姿をした魚竜類《ぎょりゅうるい》がいた。大型のカメ類なども確認されている。

2つ目、6つ目、7つ目のコプロライトに関しては、情報が少ない。7つ目は、4つ目の変形型であるとしても、6つ目の「ダンベル型」はまったくの謎《なぞ》だ。どうすれば、ダンベル形のうんこができるのか。そんな肛門《こうもん》の筋肉をもつ未知《みち》の動物がいたのかもしれない。

豊《ゆた》かな海洋生態系《かいようせいたいけい》が見えてくる。サメの仲間だけでも2グループ以上。白亜紀《はくあき》の後期の海を特徴付けるモササウルス類のコプロライトこそ確認できなかったけれども、大型の海棲爬虫類のものらしきコプロライトも発見された。とてもにぎやかな生態系だ。白亜紀《はくあき》は陸上生態系《りくじょうせいたいけい》ばかりが注目されるけれども、海洋《かいよう》生態系もとても華《はな》のある舞台《ぶたい》だったのだ。そして、その舞台には海底も含まれる。多様な脊椎動物《せきついどうぶつ》を支えた〝食料〟は、海底にも降り注ぎ、第４章でみた「トイレの化石《ズーフィコス》」の多層化と深海進出につながっている。

第７節 うんこ化石と、始新世《ししんせい》の世界

約６６００万年前、直径10キロメートルの巨大隕石《きょだいいんせき》が地球に衝突《しょうとつ》した。

この衝突を契機《けいき》として、地球の気候《きこう》は激変《げきへん》する。中生代《ちゅうせいだい》が終わった。鳥類を唯一《ゆいいつ》の生き残りとして恐竜類《きょうりゅうるい》は滅《ほろ》び、モササウルス類に代表される大型の海棲爬虫類《かいせいはちゅうるい》も滅び、アンモナイト類も滅んだ。本書《ほんしょ》でこれまで紹介してきた多くの〝うんこの主《あるじ》〟がこのとき姿を消した。

そして、新たに、新生代《しんせいだい》が始まった。

新生代は、古い方から「古第三紀《こだいさんき》」「新第三紀《しんだいさんき》」「第四紀《だいよんき》」の３つの「紀」に分かれている。

このうち、古第三紀は約６６００万年前から約２３００万年前の４３００万年間にわたり、新生代の65パーセントを占める。

一般的に、地質時代は新しい時代ほど〝精度《せいど》〟が高い傾向《けいこう》にある。新しい時代ほど、現在の地球上に残っている地層が多く、化石も多く、より細かなことまでわかる。そのため、新生代の3つの紀は、より細分化した「世《せい》」で語られることが多い。古第三紀は、約5600万年前と約3390万年前を境《さかい》にさらに3分割され、古い方から「暁新世《ぎょうしんせい》」「始新世《ししんせい》」「漸新生《ぜんしんせい》」と名付けられている。

中生代に大繁栄《だいはんえい》した爬虫類《はちゅうるい》に変わって、陸上生態系の新たな覇者《はしゃ》となったのは、哺乳類《ほにゅうるい》だった。暁新世はその哺乳類が台頭《たいとう》し始めた時代であり、始新世は現生動物《げんせいどうぶつ》たちの祖先《そせん》による生態系が概《おおむ》ね完成した時代である。

一方の海洋生態系では、しばらくはサカナたちの圧倒的優勢《あっとうてきゆうせい》な時代が続いていた。暁新世には鳥類のペンギン類が、始新世には哺乳類のクジラ類が、それぞれ海洋進出《かいようしんしゅつ》を果たすものの、まだ現在ほどの繁栄は勝ち得ていなかった。

そんな始新世の初期のコプロライトが、2021年にリオグランデ連邦大学《れんぽうだいがく》（ブラジル）のポーラ・デンツィエン＝ディアスたちによって報告されている。

そのコプロライトは、アメリカのヴァージニア州にある「フィッシャー／サリバン・サイト」と呼ばれる地域に分布《ぶんぷ》する海でできた地層から発見されたもので、その数は2021個に及《およ》ぶ。

本書でこれまでに紹介してきたコプロライト群と比《くら》べると、文字通り「桁違《けたちが》い」の数だ。小さなものは、1ミリメートルに及ばず、大きなものは6センチメートルを超えるという。化学分析《かがくぶんせき》の結果、リン酸塩《さんえん》が確認された。そして、サカナの骨片《こっぺん》を内包《ないほう》していることから、デンツィエン＝ディアスたちは、この膨大《ぼうだい》なコプロライトは、肉食性の海棲動物《かいせいどうぶつ》が残したものと判断《はんだん》した。

２０２１個の中で保存状態が悪くて研究に耐えられないとされた２０４個を除く、１８１７個のコプロライトが〝主《あるじ》〟探しの対象となった。

デンツィエン＝ディアスたちは、この１８１７個をその形にもとづいて、6タイプに分類した。

1つ目のタイプは、両端《りょうたん》が丸い円筒形《えんとうけい》。

2つ目のタイプは、両端が丸い円筒形で内部が区分けされているもの。なお、一部、片方の端《はし》が凹《へこ》んでいるものも含《ふく》まれた。

3つ目のタイプは、豆状。

4つ目のタイプは、円筒から円錐形《えんすいけい》。両端にスパイラル構造《こうぞう》がある。

5つ目のタイプは、くしゃっと畳《たた》まれているような形状。

6つ目のタイプは、くねくねと折り畳まれている。

この6つのタイプのうち、まず特定しやすいのは4つ目のタイプだ。スパイラル構造をもつコプロライトは、サメの仲間が残したうんこの可能性《かのうせい》が高い。実際、この地からはサメの仲間の化石も発見されている。

　２つ目の区分けされたコプロライトは、いわゆる「セグメント・コプロライト」である。セグメント・コプロライトは、本書《ほんしょ》でみてきた論理《ろんり》に従えば、モササウルス類のうんこだ。しかし、モササウルス類は約６６００万年前の中生代《ちゅうせいだい》の終焉《しゅうえん》とともに姿を消している。そこで、デンツィエン＝ディアスたちは、このコプロライトを硬《こう》骨魚類《こつぎょるい》のうんこと判断《はんだん》した。新生代《しんせいだい》の硬骨魚類の中には、排泄時《はいせつじ》にうんこにセグメント構造をつくるものもいるという。

　このセグメント・コプロライトとサイズと成分が似《に》ているコプロライトが、残りの４タイプである。デンツィエン・ディアスたちは、これらも硬骨魚類のうんことした。この化石産地からは多様な硬骨魚類、とくにウナギやナマズ、フグといった条鰭類《じょうきるい》の化石が発見されている。そうした硬骨魚類が、４タイプのうんこを排泄したのではないか、というわけだ。

　４タイプのちがいは、種のちがいではなく、食事のちがいが原因であるとデンツィエン＝ディアスたちは指摘《してき》する。ただし、６つ目の「くねくねと折り畳まれたタイプ」に関しては、食事のちがいで説

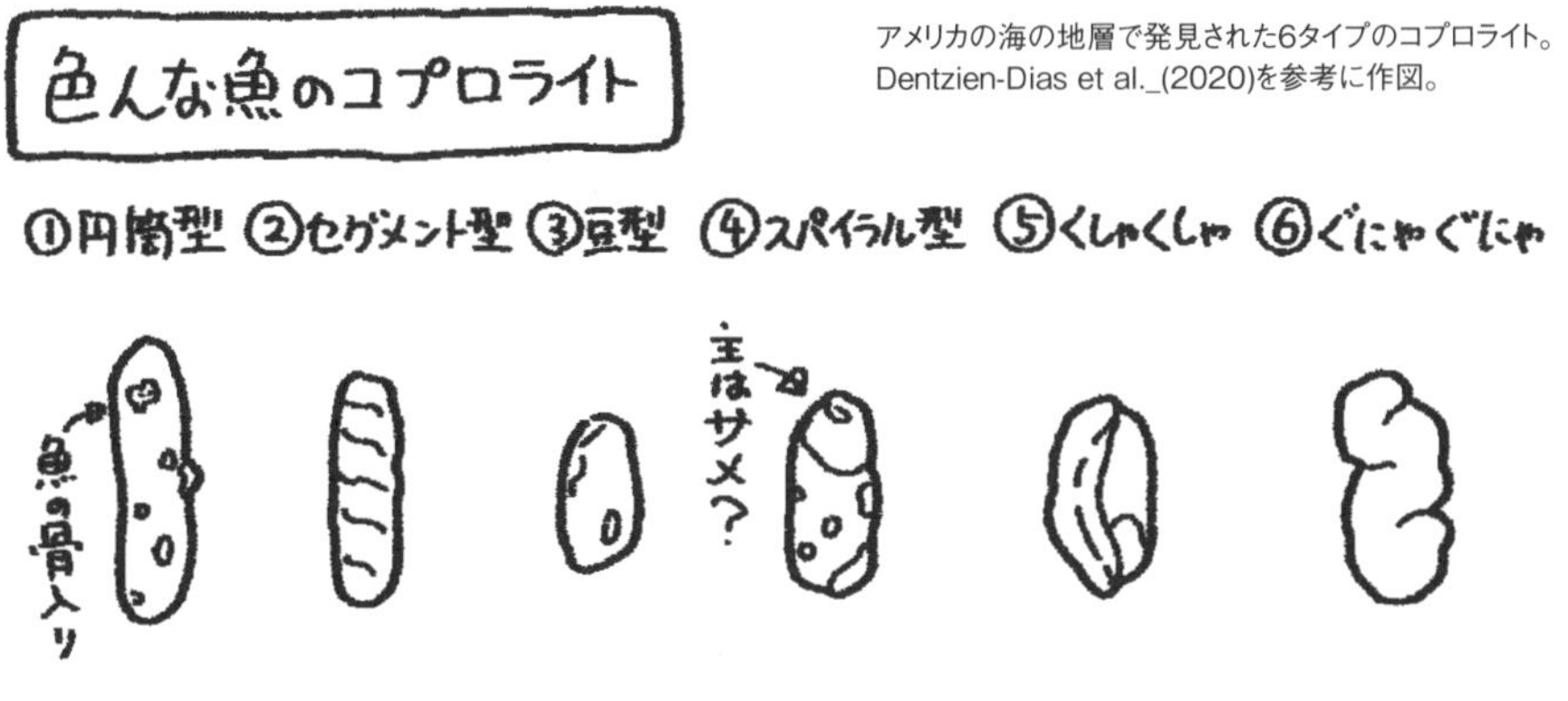

アメリカの海の地層で発見された6タイプのコプロライト。
Dentzien-Dias et al._(2020)を参考に作図。

明できないとされた。ちなみに、このタイプはとにかく小さい。長さが1センチメートルを超えるものはない。

　こうしてみると、「くねくねと折り畳まれたタイプ」は謎《なぞ》であるものの、概《おおむ》ね、軟骨魚類《なんこつぎょるい》と硬骨魚類《こうこつぎょるい》のうんこで構成《こうせい》されていることがわかる。前節《ぜんせつ》の白亜紀《はくあき》の例でみた「大きいけれど、その他に特定しようがない＝大型の海棲爬虫類《かいせいはちゅうるい》のうんこか？」のような〝現在の動物に見ることができないグループの動物のうんこ〟は、2000個を超えるうんこの中にも確認されなかった。

　時代の移り変わりがわかるというものだ。

第8節　うんこ化石と、更新世《こうしんせい》の世界

古第三紀《こだいさんき》ののち、「新第三紀《しんだいさんき》」を経《へ》て、「第四紀《だいよんき》」となる。

　これまでに紹介してきた地質時代の中で、新生代《しんせいだい》の3つの「紀」だけが、その名称《めいしょう》に数字を含《ふく》んでいる。これは、もともと地質学の黎明期《れいめいき》に、地球の歴史を「第一紀」「第二紀」「第三紀」「第四紀」と呼んでいたときの名残りだ。現在では、第一紀は概《おおむ》ね「先カンブリア時代」と呼ばれるようになり、第二紀は「古生代《こせいだい》」と「中生代《ちゅうせいだい》」に分かれた。また、かつて「第三紀」と呼ばれ

ていた時代は約２３００万年前を境に「古第三紀」と「新第三紀」に分割《ぶんかつ》された。ちなみに、古第三紀は英語で「Paleogene」、新第三紀は「Neogene」と呼ばれ、数字の「３」にまつわる単語は使われていない。

こうしてみると、第四紀は〝特別な時代〟であることがわかる。地質学の黎明期からずっと、その時代名（英語では「Quaternary」）が使われてきたのだ（もっとも、２０００年代に一度、この時代名は消失し、新第三紀に含まれていた。その後、復活《ふっかつ》したという経緯《けいい》はある）。

第四紀は、現在までだ。これまでに紹介してきた時代では、圧倒的《あっとうてき》に短期間だ。

しかし、時代が新しいだけに、地質の情報も化石も、他の時代より圧倒的に残っている。過去を探る手がかりがずば抜けて多いのだ。

もちろん、多くのうんこも残っている。

第四紀の約２５８万年間は、約1万年前を境にして、古い「更新世《こうしんせい》」と、新しい「完新世《かんしんせい》」に2分される。言い換《か》えれば、第四紀の99・6パーセントを更新世が占《し》めている。

そんな更新世の地球は、全般的には寒冷《かんれい》な気候だった。そしてより寒い「氷期《ひょうき》」と、寒さが緩んだ「間氷期《かんひょうき》」が繰り返された。

陸上生態系《りくじょうせいたいけい》の主役は、大型の哺乳類《ほにゅうるい》である。代表格はマンモスの仲間たちだ。そうした大型の植物食哺乳類を狩《か》る肉食哺乳類も大きかった。そして、人類の活動が本格化《ほんかくか》した時代でもある。

世界はうんこで二分された

更新世《こうしんせい》は、洞窟《どうくつ》の多い時代だ。いや、正確に言えば、更新世につくられた洞窟の多くが現存《げんぞん》している。更新世以前にも、多くの洞窟が各地にあったはずだけれども、その大半《たいはん》は崩《くず》れてしまって、現存していない。更新世当時、寒冷《かんれい》な気候とあいまって、人類を含むさまざまな動物が、洞窟を利用して生活していた。

2020年、フライング・ヘリテージ・コレクション（アメリカ）のアドリアン・P・フントと、ニューメキシコ自然史科学博物館《しぜんしかがくはくぶつかん》（アメリカ）のスペンサー・G・ルーカスは、世界各地の更新世《こうしんせい》のコプロライトをまとめた論文を発表している。対象とされたのは、脊椎動物《せきついどうぶつ》のコプロライトだった。

フントとルーカスによると、更新世の脊椎動物のコプロライトは、その大半《たいはん》が洞窟から発見されているという。雨風《あめかぜ》を凌《しの》ぐことができて、気温が安定している洞窟は、うんこの保存と化石化にとても適《てき》しているのだ。

この研究では、この時代の〝洞窟産コプロライト〟が、大きく二分されることが指摘《してき》された。

1つは、ハイエナの仲間のうんこがコプロライトとなったもの。

もう1つは、ナマケモノの仲間のうんこがコプロライトとなったものだ。

そして、フントとルーカスのこの研究によって、その分布《ぶんぷ》が明瞭《めいりょう》に異《こと》なることが示《しめ》された。すなわち、ユーラシア大陸とアフリカ大陸（いわゆる「旧世界」）の〝洞窟産コプロライト〟は、ハイエナの仲間のものが多く、南北アメリカ大陸（いわゆる「新世界」）の〝洞窟産コプロライト〟は、ナマケモノの仲間のものが多いという。

“旧世界”の洞窟には、ハイエナの仲間のうんこがたくさんあった。

世界は、うんこで二分されたのだ。

ハイエナの仲間のうんこは、脊椎動物のうんこの中でもコプロライトになりやすい。ハイエナの仲間は、獲物《えもの》を骨ごと噛《か》み砕《くだ》いて食べるため、その骨の成分がうんこを化石化しやすくしているとみられている。

ハイエナの仲間のコプロライトがユーラシア大陸とアフリカ大陸に多い理由は、まさしくハイエナの仲間がそこにいたから、だ。現生種《げんせいしゅ》の分布もアフリカからインドにかけての地域である。そして、更新世には洞窟を活動場所の1つとしていた（つまり、洞窟からよく化石の見つかる）「ホラアナハイエナ（*Crocuta crocuta spelaea*）」が、現生種がいないスペインや、ユーラシア大陸の北部に生息《せいそく》していたこともわかっている。かつて、ハイエナの仲間は、現代よりも広い地域に生息していた。

一方、南北アメリカ大陸には、ハイエナの仲間は進出《しんしゅつ》しなかった。そのかわりというわけではないが、この両大陸には大小のナマケモノの仲間が生息していた。古今《ここん》のナマケモノの仲間は、南北アメリカ大陸に分布し、ユーラシア大陸とアフリカ大陸、オーストラリア大陸には渡《わた》っていない。こうしたナマケモノの仲間の中には、洞窟内から化石が発見されているオオナマケモノもいる。

ナマケモノの仲間は植物食性だ。オオナマケモノも例外ではない。そのうんこは、ハイエナの仲間のうんこほどには化石として残りやすいわけではない。

それにもかかわらず、南北アメリカ大陸でナマケモノの仲間のコプロライトが多数発見されている理由は、その気候が関係していると指摘《してき》されている。

寒冷《かんれい》な時代、洞窟《どうくつ》は彼らにとって良い住居《じゅうきょ》だった。そこに多くのナマケモノの仲間が暮らしていれば、うんこの量も多くなる。あとは確率《かくりつ》の問題で、母数《ぼすう》が大きければ、コプロライトとして

“新世界”の洞窟には、ナマケモノの仲間のうんこがたくさんだ。

残るうんこも多くなる、というわけだ。ちなみに、アルゼンチンの洞窟から発見されたオオナマケモノのうんこには、化石化が十分ではなく、燃《も》やすことができたものもあるらしい。

さすが〝新しい〟というべきか

大きな傾向《けいこう》として、新しければ新しいほど、化石の状態は、〝完全〟に近い。これは、コプロライトに限らない。大型動物の化石は全身が残っている場合が多くなり、無脊椎動物《むせきついどうぶつ》の化石でも細部《さいぶ》まで観察できるものが少なくない。更新世《こうしんせい》の情報が多い理由は、「新しさ」によるところが大きい。

そんな化石がさらに残りやすい場所が、アメリカのロサンゼルスにある。

「ランチョ・ラ・ブレア」だ。

この地には、タール（正確にいえば、アスファルト）がたまった地層があり、これまでに３５０万点を超える化石が発見されている。

２０２０年、ラ・ブレア・タールピット博物館（アメリカ）のアレクシス・Ｍ・ミチャリウたちは、ランチョ・ラ・ブレアから発見されたコプロライトを報告している。

そのコプロライトは、基本的に小さな円筒形《えんとうけい》で、数は数千個に達するという。

ミチャリウたちがランダムに選んだ４３１個のコプロライトの大きさを測《はか》ったところ、長さは６・25ミリメートルから13・37ミリメートルで平均は９・59ミリメートル、幅《はば》は２・43ミリメートルから約５・43ミリメートルで平均は３・86ミリメートルだった。内部には、化石化した植物が確認された。

当初、この大量のコプロライトは、現生《げんせい》のネズミのうんこと考えられた。ランチョ・ラ・ブレアのタールに残っていたこの小さな円筒形の塊《かたまり》は、それほどまでに生々《なまなま》しく、また、ネズミのうんこそっくりだったのだ。

しかし、放射性炭素同位体《ほうしゃせいたんそどういたい》を用《もち》いた年代測定《ねんだいそくてい》によって、４万７０００年前よりも古いことが示された。現生動物《げんせいどうぶつ》のうんこではなく、更新世《こうしんせい》のコプロライトであることが明《あき》らかになったのだ。放射性炭素同位体を用いた年代測定法は、対象物に〝ある特定の炭素〟が残っていないと用いることができない。古生物学者や地質学者が使う年代測定法としては、比較的《ひかくてき》新しい対象にのみ使える手法《しゅほう》だ。

ミチャリウたちは、コプロライト内に残る植物化石に対して、炭素の安定同位体の分析《ぶんせき》も試《こころ》みた。放射性炭素同位体の年代測定法とは異《こと》なり、こちらの分析では植物の分類を絞《しぼ》り込《こ》むことができる。そして分析の結果、この植物が「Ｃ３植物」であることが判明《はんめい》した。Ｃ３植物とは、樹木やイネなどのことだ（ちなみに、サトウキビやトウモロコシなどを「Ｃ４植物」という）。

膨大《ぼうだい》な量のコプロライトは、とても1個体が残したものとは考えられず、群《む》れの存在が示唆《しさ》された。また、ミチャリウたちは、コプロライトの大きさから、〝主《あるじ》〟の体重を100～200グラムほどと推測《すいそく》した。

こうしたデータをもとに、ミチャリウたちはコプロライトの〝主〟を「ネオトマ（Neotoma）」というネズミの仲間である可能性《かのうせい》が高いとしている。

このように〝新しいコプロライト〟であれば、さまざまな分析手法を使うことができる。科学《かがく》万歳《ばんざい》！　進歩万歳《しんぽばんざい》！　手がかりが多い時代のコプロライト研究は、それまでとはちがった、さまざまな最新手法を使ったアプローチが可能なのだ。ランチョ・ラ・ブレアのコプロライトは、そのことを物語っている。

第9節　うんこ化石と、完新世《かんしんせい》の世界

更新世《こうしんせい》が終わり、約1万年前に始まった完新世ともなれば、もはや〝古生物の時代〟の終焉《しゅうえん》である。人類が各地で繁栄し、文明を築いていく。

ここまで新しくなると、コプロライトの内部に信頼できる遺伝子《いでんし》情報《じょうほう》が残るようになる（こ

れを「古代ＤＮＡ」と呼ぶ）。

もとより遺伝子《いでんし》は、有《あ》り体《てい》に書いてしまえば、「ナマモノ」である。その生物が死ぬと、しだいに崩壊《ほうかい》していく。これは、排泄《はいせつ》されたうんこについても同様《どうよう》で、うんことなった時点《じてん》から崩壊が始まる。遺伝子の保存状態《ほぞんじょうたい》は、環境に依存する。冷蔵庫《れいぞうこ》のような寒冷《かんれい》な環境では長持ちするものの、温暖《おんだん》な環境では長くもたない傾向《けいこう》にある。そして、古くなれば古くなるほど、その情報の信頼性は低くなる。

完新世《かんしんせい》のコプロライトともなれば、遺伝子分析がごく当然《とうぜん》のように用《もち》いられている。例えば、２０１２年にランドケア研究所（ニュージーランド）のジェイミー・Ｒ・ウッドたちが発表した研究では、ニュージーランド南島のユーフラテス洞窟から採集した35個のコプロライトに対して、遺伝子分析がおこなわれている。

その結果、35個中33個から、絶滅鳥類《ぜつめつちょうるい》の「アップランド・モア（*Megalapteryx didinus*）」の遺伝子が検出《けんしゅつ》された。また、遺伝子分析に、コプロライト内に含《ふく》まれていた花粉化石《かふんかせき》などの分析結果を組み合わせることで、このコプロライトには67種の植物の痕跡《こんせき》が確認できるとしている。

こうしたデータをもとに、アップランド・モアが、「ツリーフクシア」などの花の蜜《みつ》を好《この》んでいたことなども特定された。〝主《あるじ》〟の特定だけではなく、〝主〟の食の好みにまで細かく迫ったのだ。

ちなみに、放射性炭素同位体《ほうしゃせいたんそどういたい》の分析結果によると、このコプロライトは、６３６８年前～６９

4年前までのどこかでつくられたものであるという。新しい場合は、日本でいえば、鎌倉時代《かまくらじだい》あたりを指《さ》す。

また、2018年には、アデレード大学（オーストラリア）のアレクサンド・P・ボアストたちが、ニュージーランド南島の8か所から採集した23個の遺伝子を調べた結果を発表している。

ボアストたちの研究によると、そのコプロライトを残したのは、アップランド・モアを含む複数種のモアであり、とくにアップランド・モアは、シダやコケをよく食べていたという。シダやコケの〝本体〟は、分解《ぶんかい》されやすく、うんこの中にはその原型《げんけい》を留《とど》めていないことも少なくない。そんな状態であっても、遺伝子はコプロライトの構成要素《こうせいようそ》をしっかりと捉《とら》えたことになる。

こうした遺伝子の分析結果と、従来《じゅうらい》からの観察手法《かんさつしゅほう》を組み合わせることで、定説《ていせつ》が覆《くつがえ》されることもある。

例えば、2018年に、カンタベリー大学（ニュージーランド）のジョアンナ・K・カーペンターたちは、ニュージーランド南島の13か所から採集《さいしゅう》した152個のコプロライトを分析し、その結果を発表した。

カーペンターたちの研究によると、このコプロライトの〝主〟もまた、モアの仲間であり、遺伝子分析の結果、ホルトノキなどを食べていたという。

動物は、うんこによって植物の種子を拡散《かくさん》させることがある。かねてよりニュージーランド南島内《なんとうない》に分布《ぶんぷ》するホルトノキなどは、モアの仲間が果実を食べて、移動して、種子《しゅし》をうんことして排泄《はいせつ》することで、その分布域《ぶんぷいき》を広げたのではないか、という見方《みかた》があった。

しかし、カーペンターたちの分析によると、遺伝子《いでんし》分析の結果はたしかにホルトノキなどが検出《けんしゅつ》されるものの、コプロライト内には、傷《きず》のついていない大きな種子《しゅし》はなかったという。

つまり、うんこの中に、発芽《はつが》に耐《た》える種子はなかった。カーペンターたちは、ホルトノキなどの種子は、モアの仲間の体内で砕《くだ》かれてしまったのではないか、と指摘《してき》している。モアの仲間は、植物の拡散《かくさん》に寄与《きよ》しなかったのかもしれないのだ。ホルトノキなどの分布には、モアの仲間以外の要素が必要だった。

うんこがこれまでの〝常識《じょうしき》〟を覆《くつがえ》す可能性《かのうせい》が出てきたのだ。

時代の移《うつ》り変わりとともに、うんこの〝主《あるじ》〟も、うんこがもつ情報も、うんこを分析《ぶんせき》する手《しゅ》法《ほう》も変わってきたのである。

モアのうんこは、種子を運んだのだろうか?

うんこの化石と地球の明日

コラム

沈《しず》んでできた うんこ化石

陸でできた地層から発見されたコプロライトと、海でできた地層から発見されたコプロライトには、大きなちがいがある。

陸でできた地層のコプロライトは、その地域で暮らしていた動物が残したものだ。

しかし、海でできた地層のコプロライトは、基本的に海底に降り積もったものからできている。

海洋《かいよう》の生態系《せいたいけい》は立体的《りったいてき》だ。

海底《かいてい》付近《ふきん》を這《は》うように生きる動物はもとより、深層《しんそう》で暮らすもの、中層《ちゅうそう》で暮らすもの、表層《ひょうそう》で暮らすものなど、海底から海面まで、深さによって大小さまざまな動物が暮らす。

それらの動物はうんこを出す。

そのうんこは、ときに他の動物の栄養源《えいようげん》となり、そして、またうんことして排出《はいしゅつ》され、海底へと降っていく。また、そうした動物が死ねば、死体もまた沈む。「プランクトン」と呼ばれるものも、死後は沈む。いろいろなものが沈み、海底にたまる。海でできた地層から発見されるコプロライトは、海洋動物が排泄《はいせつ》したものそのままの場合もあれば、海底に沈んできた物質を食べて、海底で暮らす動物が排泄したものもある。

　さまざまなコプロライトの話が収録《しゅうろく》されている『生痕《せいこん》化石《かせき》からわかる古生物《こせいぶつ》のリアルな生きざま』（著：泉《いずみ》 賢太郎《けんたろう》）では、深海底で暮らしていたユムシがつくったコプロライトの中に、海洋表層で暮らすプランクトンの死骸《しがい》が含《ふく》まれていた例が紹介されている。海洋世界の、複雑《ふくざつ》で壮大《そうだい》な生態系を垣間《かいま》見る例といえるだろう。海底生物のうんこを分析《ぶんせき》することで、海洋の表層まで知ることができるのだ。

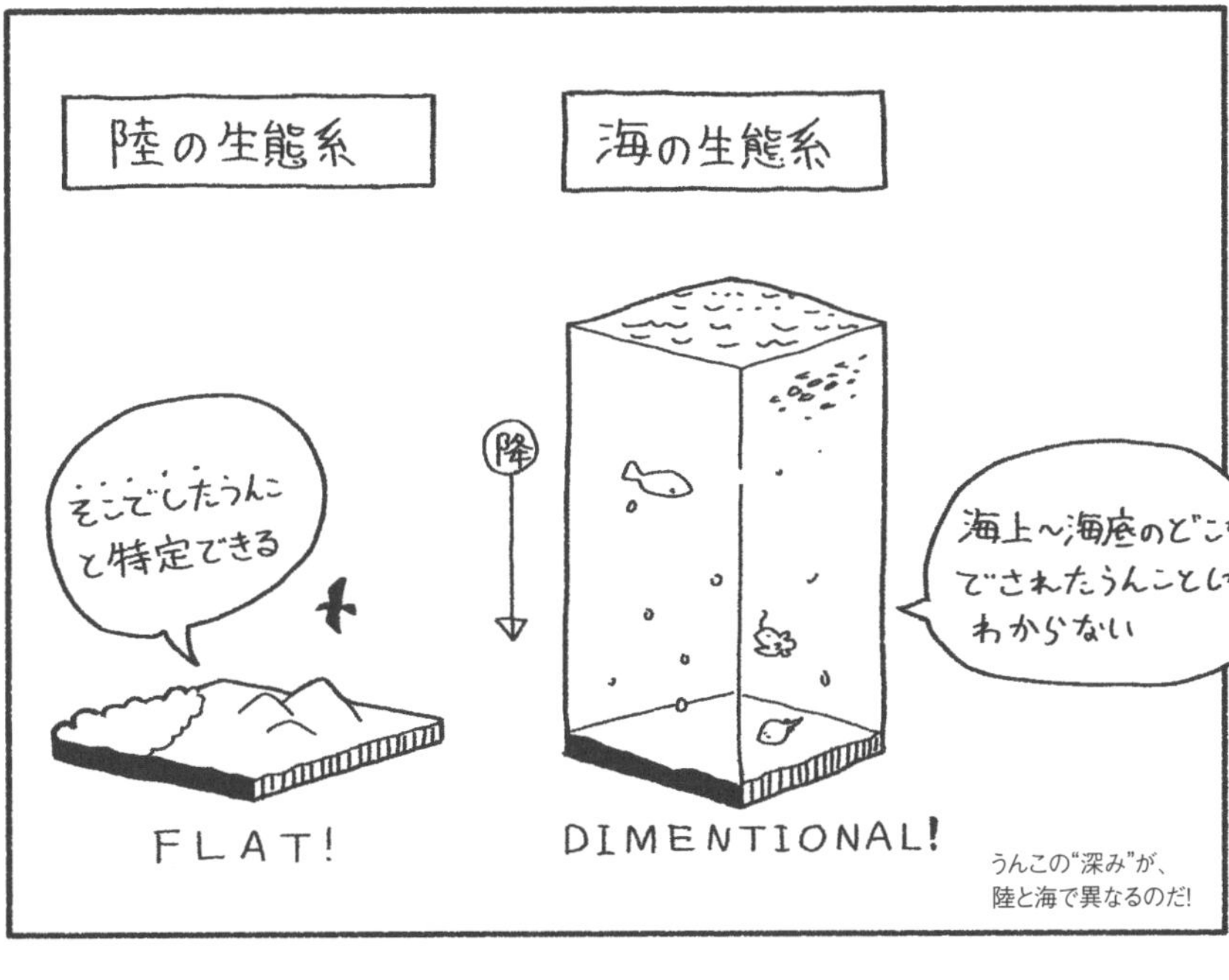

うんこの"深み"が、陸と海で異なるのだ!

こっそり楽しむ
うんこ化石の世界

終章　うんこが残した世界

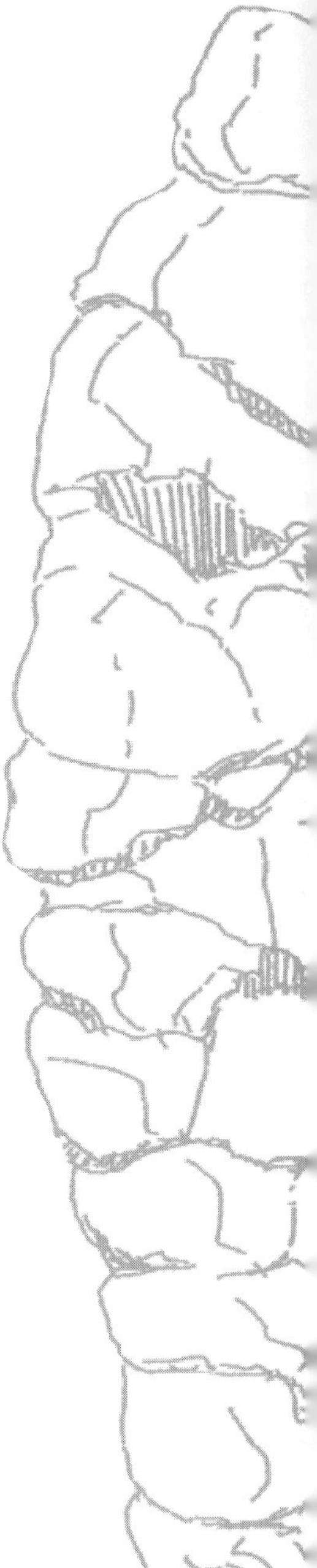

終章

うんこが残した世界

北欧《ほくおう》、スウェーデンの内陸部《ないりくぶ》にあるヴァーネン湖に近い場所から、奇妙《きみょう》な化石群《かせきぐん》が発見されている。

それは、約4億9500万年前の古生代《こせいだい》カンブリア紀に生きていた動物のもので、大きくても全長数ミリメートルの小型の海棲動物《かいせいどうぶつ》たちである。大きな複眼《ふくがん》を1つだけもつ甲殻類《こうかくるい》だったり、小さいながらもずっしりとしたどこか戦車《せんしゃ》のような姿をしている微生物《びせいぶつ》だったりする。他の化石産地ではちょっと見ることのできない姿の動物が多く、軟《やわ》らかい組織までしっかりと残っているものが多い。

この化石群は、「オルステン動物群」と呼ばれている。カンブリア紀の微小生態系《びしょうせいたいけい》に迫《せま》る数少ない手がかりとして、大きな注目を集めている動物たちだ。

しかし、なぜ、ヴァーネン湖に近いこの場所だけで、小さくて保存の良い化石がたくさん発見されるのだろう?

この化石の保存にも「うんこ」が大きく関係している。

2011年、京都大学(現・九州大学)の前田《まえだ》晴良《はるよし》たちは、オルステン動物群の化石が、わずか3センチメートルほどの厚さの特定の地層からしか発見されないことを明らかにした。そして、その地層には、オルステン動物群の他に長径0・3ミリメートルから2・0ミリメートルの卵形《たまごがた》の粒《つぶ》が豊富《ほうふ》にあることを特定した。この粒の内部構造《ないぶこうぞう》は、均一《きんいつ》なつくりになっていたという。

前田たちは、形状と内部の構造から、この粒がうんこであると判断《はんだん》した。

つまり、微小なコプロライトだ。

その〝主《あるじ》〟は、無脊椎動物《むせきついどうぶつ》のものである可能性《かのうせい》が高く、おそらく三葉虫類《さんようちゅうるい》のものではないか、と指摘《してき》されている。

この研究で、オルステン動物群において重要な点は、コプロライトの〝主〟の特定ではない。コプロライトが豊富にある地層だけ、オルステン動物群の化石が保存されているという事実である。

前田たちは、この保存に際《さい》し、うんこが大きな役割《やくわり》を果たしたと指摘《してき》している。すなわち、うんこの中にあったリン酸カルシウムが溶《と》け出して動物たちをコーティングし、軟《やわ》らかい組織も硬《かた》い組織もまるっと保存したというのである。

つまり、オルステン動物群の動物たちは、死後にうんこまみれとなり、だからこそ、他にはみないレベルで化石となることに〝成功〟したのである。前田たちは、この研究を発表したプレスリリースで、この保存のことを「汚物溜《おぶつため》め保存」と呼んだ。

うんこが、貴重《きちょう》で重要で楽しくて愛らしい動物たちの保存に一役《ひとやく》買ったのだ。

うんこの化石は、〝主《あるじ》〟の生きた証《あかし》だ。

うんこの化石を調べ、周囲《しゅうい》の地層を解析《かいせき》し、〝主〟を特定できれば、本体の化石からはわからない〝主〟の生き様の情報が手に入る。

うんこの化石とその他の化石を比べることで、生態系《せいたいけい》の変化も、進化の歴史も知ることができる。

そして、うんこの化石自体が、〝主〟以外の生物を化石とし

うんこがあるからこそ、多くの古生物が化石として残る……こともある。

て残すことに一役買っている。

うんこ、うんこ、うんこだ！

うんこに秘《ひ》められた手がかりと可能性《かのうせい》は、実に膨大《ぼうだい》なのである。

今、このページを読んでいるあなたは、どこにいるだろう？

トイレに本書《ほんしょ》を持ち込《こ》んで読書に励《はげ》んでいる方は多くはないだろうが、今後は、うんことうんこの化石について、見方《みかた》が変わるはず。

太古《たいこ》の世界に迫《せま》るうんこについて、トイレにいる時ではなくても、思いをはせてみてはいかがだろうか？

おわりに

うんこ化石はエンターテイメント

コプロライトに関連した２４０ページ。お楽しみいただけたでしょうか?

本書を執筆《しっぴつ》している間にも、いくつものコプロライト関連論文が発表されています。
他の多くの古生物分野と同じように、コプロライトの研究も日進月歩《にっしんげっぽ》で進んでいるのです。
うんこだからこそ秘めている多くの手がかり。
その情報が、古生物たちに命を吹きこみ、「生き物としての姿」をつくりあげています。

それはまさしく、うんこの化石に始まるエンターテイメント・サイエンス。

本書執筆にあたり、企画構成から校閲《こうえつ》まで、金沢大学《かなざわだいがく》のロバート・ジェンキンズ准教授《じゅんきょうじゅ》にご監修いただきました。学生時代、〝同じ窯《かま》の飯《めし》を食べた仲間〟であるロバートさんに、１冊まるごとご監修いただくのは、本書で2冊目です。ロバートさん、今回もお忙しい中のご協力、本当に感謝します。

ウン・コ・ナンナン探偵をはじめとする楽しくわかりやすいイラストは、かわさきしゅんいちさんの作品です。かわさきさんのイラストで、本書は〝彩《いろど》り〟豊《ゆた》かなものとなりました。

妻（土屋《つちや》香《かおり》）には、初稿段階《しょこうだんかい》でさまざまな指摘をもらいました。

構想段階からともに活動してきた編集者は、伊勢出版の伊勢新九朗《いせしんくろう》さん。伏せ字になりますが、M・Nさんのご協力も頂いています。そして、もちろん、技術評論社刊の筆者の本の編集者といえば、大倉誠二《おおくらせいじ》さん。楽しいデザインは、西川雅樹《にしかわまさき》さん。

今回の本も、力強い布陣でつくりあげました。

コロナ禍という未曾有《みぞう》の混乱《こんらん》と困難《こんなん》が、さまざまな業界を襲《おそ》っています。ともすれば、遠い未来ならず、近い将来さえも、予想することが困難な日々が続いています。

そんな日々の中で、本書を手にとってくださったあなたに、心の底からの感謝を。

こんな日々の中だからこそ、古生物学は人々の〝楽しさの糧《かて》〟になると信じています。

コプロライトには、こんなにも楽しい情報が詰《つ》まっている。

古生物学のもつ可能性の一端を、みなさんにお届けできたのであれば、とても嬉しいです。

２０２２年弥生　愛犬たちから散歩の催促を受けながら　土屋　健

もっと詳しく知りたい読者のための参考資料

本書を執筆するにあたり，とくに参考にした主要な文献は次の通り。
※本書に登場する年代値は，とくに断りのないかぎり，
International Commission on Stratigraphy，2022/02，INTERNATIONAL STRATIGRAPHIC CHART を使用している。

※なお、本文中で紹介されている論文等の執筆者の所属は、とくに言及がない限り、その論文の発表時点のものであり、必ずしも現在の所属ではない点に注意されたい。

【第1章】

一般書籍

『化石になりたい』監修：前田晴良，著：土屋 健，2018年刊行，技術評論社
『化石の探偵術』監修：ロバート・ジェンキンズ，イラスト：ツク之助，著：土屋 健，2020年刊行，ワニブックス
『古生物学事典　第2版』編：日本古生物学会，2010年刊行，朝倉書店

学術論文など

Karen Chin, Timothy T. Tokaryk, Gregory M. Erickson, Lewis C. Calk, 1998, A king-sized theropod coprolite, nature, vol.393, p680-682
Martin Qvarnström, Grzegorz Niedźwiedzki, Živilė Žigaitė, 2016, Vertebrate coprolites (fossil faeces): An underexplored Konservat-Lagerstätte, Earth-Science Reviews, 162, p44–57
Rebecca C. Terry, 2004, Owl Pellet Taphonomy: A Preliminary Study of the Post-Regurgitation Taphonomic History of Pellets in a Temperate Forest, PALAIOS, vol.19, no 5, Friday Harbor Laboratory Special Issu, p497-506

【第2章】

一般書籍

『アノマロカリス解体新書』監修：田中源吾，著：土屋 健，絵：かわさきしゅんいち，2020年刊行，ブックマン社
『化石ドラマチック』監修：芝原暁彦，著：土屋 健，絵：ツク之助，2020年刊行，イースト・プレス
『グレゴリー・ポール恐竜事典（原著第2版）』著：グレゴリー・ポール，2020年刊行，共立出版
『小学館の図鑑 NEO［新版］鳥』指導・執筆：白山義久，窪寺恒己，久保田 信，齋藤 寛，駒井智幸，長谷川和範，西川輝昭，藤田敏彦，月井雄二，土田真二，加藤哲哉，撮影：松沢陽士，楚山いさむほか，2015年刊行，小学館
『石炭紀・ペルム紀の生物』監修：群馬県立自然史博物館，著：土屋 健，2014年刊行，技術評論社
『肥料になった鉱物の物語』著：高橋英一，2004年刊行，研成社
『メアリー・アニングの冒険』著：吉川惣司・矢島道子，2003年刊行，朝日新聞出版社
『『A Dictionary of Geology and Earth Sciences』編：Michael Allaby，2013年刊行，Oxford Univ Pr.
『CAVES, COPROLITES AND CATASTROPHES』著：Allan Chapman，2020年刊行，Society for Promoting Christian
『FOSSIL CRINOIDS』編：H. Hess，W. I. Ausich，C. E. Brett，M. J. Simms，1999年刊行，Cambridge University Press

WEBサイト

鎧をまとった奇跡の恐竜、「最後の食事」が判明，NATIONAL GEOGRAPHIC，2020年6月5日，https://natgeo.nikkeibp.co.jp/atcl/news/20/060400336/

The Burgess Shale，Royal Ontario Museum，https://burgess-shale.rom.on.ca/

企画展図録

ギガ恐竜展2017，読売新聞社

学術論文など

松八重一代，大竹久夫，2018，持続的リン管理の国際動向，日本LCA学会誌，14巻，2号，p134-140

Adrian P. Hunt, Spencer G. Lucas, Jesper Milàn, Justin A. Spielmann, 2012, Vertebrate coprolite studies: status and prospectus, New Mexico Museum of Natural History and Science, Bulletin 57, p5-24

Amanda Perin Marcon, João Vitor Perin Andriola, 2016, Mating display of the Yellow-chevroned Parakeet (*Brotogeris chiriri* Vieillot, 1818) (Psittaciformes: Psittacidae) , Current Ethology, vol.15, N° 2, p19-23

Caleb M. Brown, David R. Greenwood, Jessica E. Kalyniuk, Dennis R. Braman, Donald M. Henderson, Cathy L. Greenwood, James F. Basinger, 2020 Dietary palaeoecology of an Early Cretaceous armoured dinosaur (Ornithischia; Nodosauridae) based on floral analysis of stomach contents, R. Soc. Open Sci., 7: 200305

Caleb M. Gordon, Brian T. Roach, William G. Parker, Derek G. Briggs, 2020, Distinguishing regurgitalites and coprolites: a case study using a Triassic bromite with soft tissue of the the pseudosuchian archosaur *Revueltosaurus*, PALAIOS, vol.35, p111-121

Colin R. McHenry, Alex. G. Cook, Stephen Wroe, 2005, Bottom-Feeding Plesiosaurs, Science, vol.310, p75

David J. Varricchio, 2015, Gut contents from a Cretaceous Tyrannosaurid: Implications for theropod dinosaur digestive tracts, Journal of Paleontology , vol.75, Issue 2, p401 -406

D. E. G. Briggs, R. A. Robinson, 1984, Exceptionally preserved nontrilobite arthropods and Anomalocaris from the Middle Cambrian of Utah, The University of Kansas paleontological contributions, Paper111, p1-23

Diego C. García-Bellido, Desmond H. Collins, 2006, A new study of *Marrella splendens* (Arthropoda, Marrellomorpha) from the Middle Cambrian Burgess Shale, British Columbia, Canada, Can. J. Earth Sci., 43, p721-742

Dirk Knaust, 2020, Invertebrate coprolites and cololites revised, Palaeontology, p1-39

Jana Bruthansová, Petr Kraft, 2003, Pellets independent of or associated with Bohemian Ordovician body fossils, Acta Palaeontologica Polonica, 48 (3), p437-445

Jean Vannier, Jianni Liu, Rudy Lerosey-Aubril, Jakob Vinther, Allison C. Daley, 2014, Sophisticated digestive systems in early arthropods, NATURE COMMUNICATIONS, 5:3641, DOI: 10.1038/ncomms4641

Justin Tweet, Karen Chin, A. A. Ekdale, 2016, Trace fossils of possible parasites inside the gut contents of a hadrosaurid dinosaur, Upper Cretaceous Judith River Formation, Montana, Journal of Paleontology, 90(2), p279-287

Oliver Wings, 2007, A review of gastrolith function with implications for fossil vertebrates and a revised classification. Acta Palaeontologica Polonica, 52(1), p1-16.

Thomas A. Hegna, Markus J. Martin, Simon A. F. Darroch, 2017, Pyritized in situ trilobite eggs from the Ordovician of New York (Lorraine Group): Implications for trilobite reproductive biology, Geology, vol.45, no.3, p199-202

Tomasz K. Baumiller, Forest J. Gahn, 2002, Fossil Record of Parasitism on Marine Invertebrates with Special Emphasis on the Platyceratid-Crinoid Interaction, The Paleontological Society Papers, vol.8, p195-210

Tomáš Přikryl, Martin Košťák, Martin Mazuch, Radek Mikuláš, 2012, Evidence for fish predation on a coleoid cephalopod from the Lower Jurassic Posidonia Shale of Germany, N. Jb. Geol. Paläont. Abh. 263/1, p25-33

W. Buckland, 1829, XII.—On the Discovery of Coprolites, or Fossil Fæces, in the Lias at Lyme Regis, and in other Formations, Geograph Transactions of the Geological Society, p223-240

Xiaoting Zheng, Xiaoli Wang, Corwin Sullivan, Xiaomei Zhang, Fucheng Zhang, Yan Wang, Feng Li, Xing Xu, 2018, Exceptional dinosaur fossils reveal early origin of avian-style digestion, SCIENTIDIC REPORTS, 8:14217, DOI:10.1038/s41598-018-32202-x

Xuejian Zhu Rudy Lerosey-Aubril, Jorge Esteve, 2014, Gut content fossilization and evidence for detritus feeding habits in an enrolled trilobite from the Cambrian of China, Lethaia, vol.47, p66-76

【第3章】

一般書籍

『ウンチでわかるいきもの図鑑』文：アンディ・シード，絵：クレア・アルモン，2020年刊行，NHK出版

『エディアカラ紀・カンブリア紀の生物』監修：群馬県立自然史博物館，著：土屋 健，2013年刊行，技術評論社

『化石の探偵術』監修：ロバート・ジェンキンズ，イラスト：ツク之助，著：土屋 健，2020年刊行，ワニブックス

『化石の分子生物学』著：更科 功，2012年刊行，講談社現代新書

『古第三紀・新第三紀・第四紀の生物 上巻』監修：群馬県立自然史博物館，著：土屋健，2016年刊行，技術評論社

『シャーロック・ホームズの冒険』著：コナン・ドイル，1960年刊行，創元推理文庫

『緋色の研究』著：コナン・ドイル，1960年刊行，創元推理文庫

『動物行動学事典』編：デイヴィド・マクファーランド，1993年刊行，動物社

WEBサイト

エキノコックス症と国際貢献，北海道立衛生研究所 感染病理科長 山野公明，https://www.iph.pref.hokkaido.jp/charivari/2008_04/2008_04.htm

なぜ動物はうんちを食べるのか，NATIONAL GEOGRAPHIC，2015年5月14日，https://natgeo.nikkeibp.co.jp/atcl/news/15/051300098/

MSDマニュアル家庭版，MSD，https://www.msdmanuals.com/ja-jp/

学術論文など

Adolf Seilacher, Cynthia Marshall, H. Catherine W. Skinner, Takanobu Tsuihiji, 2001, A fresh look at sideritic "coprolites", Paleobiology, 27(1), p7-13

Adrian P. Hunt, Spencer G. Lucas, 2012, Descriptive terminology of coprolites and Recent feces, Vertebrate Coprolites. New Mexico Museum of Natural History and

Science, Bulletin 57, p153-160

Adrian P. Hunt, Spencer G. Lucas, 2018, Mosasaur coprolites from the Bearpaw formation(Upper Cretaceous) of Saskatchewan, Canada, Fossil Record 6, New Mexico Museum of Natural History and Science Bulletin, 79, p271-275

Antonio Pineda, Palmira Saladié, Isabel Expósito, Antonio Rodríguez-Hidalgo, Isabel Cáceres, Rosa Huguet, Antonio Rosas, Lucía López-Polín, Almudena Estalrrich, Antonio García-Tabernero, Josep Vallverdú, 2017, Characterizing hyena coprolites from two latrines of the Iberian Peninsula during the Early Pleistocene: Gran Dolina (Sierra de Atapuerca, Burgos) and la Mina (Barranc de la Boella, Tarragona), Palaeogeography, Palaeoclimatology, Palaeoecology, 480, p1-17

Maxime Borry, Bryan Cordova, Angela Perri, Marsha Wibowo, Tanvi Prasad Honap, Jada Ko, Jie Yu, Kate Britton, Linus Girdland-Flink, Robert C. Power, Ingelise Stuijts, Domingo C. Salazar-García, Courtney Hofman, Richard Hagan, Thérèse Samdapawindé Kagoné, Nicolas Meda, Helene Carabin, David Jacobson, Karl Reinhard, Cecil Lewis, Aleksandar Kostic, Choongwon Jeong, Alexander Herbig, Alexander Hübner, Christina Warinner, 2020, CoproID predicts the source of coprolites and paleofeces using microbiome composition and host DNA content. PeerJ 8:e9001 DOI 10.7717/peerj.9001

Christopher Nedin, 1999, *Anomalocaris* predation on nonmineralized and mineralized trilobites, Geology, vol.27, no.11, p.987-990

David R Schwimmer, Robert E. Weems, Albert E. Sanders, 2015, A Late Cretaceous shark coprolite with baby freshwater turtle vertebrae inclusions, PALAIOS, vol.30, p707-713

Dirk Knaust, 2019, *Rhizocorallites Müller*, 1955 from the Triassic and Jurassic of Germany: burrow, coprolite, or cololite?, PalZ, https://doi.org/10.1007/s12542-019-00506-6

Dirk Knaust, René Hoffmann, 2020, The ichnogenus *Lumbricaria* Münster from the Upper Jurassic of Germany interpreted as faecal strings of ammonites, Palaeontology, p1-17

Eberhard Gischler, Joachim Blau, Jörn Peckmann, 2017, *Palaxius floridanus* n. isp., a new structured callianassid crustacean microcoprolite from the Pleistocene of south Florida, Journal of Paleontology, 91(5), p981-986

George E. Mustoe, 2001, Enigmatic origin of ferruginous "coprolites": Evidence from the Miocene Wilkes Formation, southwestern Washington, GSA Bulletin, vol.113, no.6, p673-681

Jean-Pierre Hugot, Scott L Gardner, Victor Borba, Priscilla Araujo, Daniela Leles, Átila Augusto Stock Da-Rosa, Juliana Dutra, Luiz Fernando Ferreira, Adauto Araújo, 2014, Discovery of a 240 million year old nematode parasite egg in a cynodont coprolite sheds light on the early origin of pinworms in vertebrates, Parasites & Vectors, 7:486

Karen Chin, 2002, Analyses of Coprolites Produced by Carnivorous Vertebrates, PALEONTOLOGICAL SOCIETY PAPERS, vol.8, p43-49

Karen Chin, Rodney M. Feldmann, Jessica N. Tashman, 2017, Consumption of crustaceans by megaherbivorous dinosaurs: dietary flexibility and dinosaur life history strategies, SCIENTIFIC REPORTS, 7:11163, DOI:10.1038/s41598-017-11538-w

Lisa-Marie Shillito, John C. Blong, Eleanor J. Green, Eline N. van Asperen, 2020, The what, how and why of archaeological coprolite analysis, Earth-Science Reviews, 207, 103196

Martin Qvarnström, Grzegorz Niedźwiedzki, Živilė Žigaitė, 2016, Vertebrate coprolites (fossil faeces):An underexplored Konservat-Lagerstätte, Earth-Science Reviews, 162,

p44-57
Matti Nuorteva, Kari A, Kinnuen, 2008, Insect frass in Baltic amber, Bulletin of the Geological Society of Finland, vol.80, p105-124
Michael E. Williams, 1972, The origin of “Spiral coprolites”, the University of Kansas Oaleontological Contributions, paper59, p1-19
Paula C. Dentzien-Dias, George Poinar Jr., Ana Emilia Q. de Figueiredo, Ana Carolina L. Pacheco, Bruno L. D. Horn, Cesar L. Schultz, 2013, Tapeworm Eggs in a 270 Million-Year-Old Shark Coprolite, PLoS ONE, 8(1): e55007, doi:10.1371/journal.pone.0055007
Stephen J. Godfrey, Joshua B. Smith, 2010, Shark-bitten vertebrate coprolites from the Miocene of Maryland, Naturwissenschaften, 97, p461-467
Vandana Prasad, Caroline A. E. Strömberg, Habib Alimohammadian, Ashok Sahni, 2005, Dinosaur Coprolites and the Early Evolution of Grasses and Grazers, Science, vol.310, p1177-1180

【第4章】

一般書籍

『うんこの博物学』著：ミダス・デッケルス，作品社，2020年刊行
『MEGAFAUNA』著：Richard A. Fariña，Sergio F. Vizcaíno，Gerry de De Iuliis，絵：Sebastián Tambusso，Indiana University Press，2013年刊行

WEBサイト

ぼうずコンニャクの市場魚貝類図鑑，https://www.zukan-bouz.com/
Ice Age giant sloths died in a pit of their own poop，Mindy Weisberger，LIVE SCIENCE，2020/5/12，https://www.livescience.com/giant-sloths-died-in-poop-pit.html

学術論文など

小泉璃々子, 酒向貴子, 手塚牧人, 小堀睦, 斎藤昌幸, 金子 弥生, 2017, 東京都心部の赤坂御用地におけるタヌキのタメフン場における個体間関係, フィールドサイエンス, 15, p7-13
小竹信宏, 1990, 生痕化石 *Chondrites* および *Zoophycos* をつくる生物群の摂食・排せつ様式, 地質学雑誌, 96巻, 10号, p859-868
小竹信宏, 1995, 生痕化石 *Zoophycos* 摂食行動に規制された排泄行動の化石記録, 地質学雑誌, 101巻, 6号, pXV-XVI
清家弘治, 2017, 剥ぎ取り標本を用いた堆積構造の観察：海洋生物学および古生物学への応用, 神奈川博調査研報（自然）, 15, p29-33
奈良正和, 清家弘治, 2004, 千葉県九十九里浜の現世前浜堆積物に見られる*Macaronichnus segregatis*様生痕とその形成者, 地質学雑誌, 110巻, 9号, p545-551
神奈川博調査研報（自然）, 15, p29-33
Adrian P. Hunt, Spencer G. Lucas, Jesper Milàn, Justin A. Spielmann, 2012, Vertebrate coprolite studies: status and prospectus, New Mexico Museum of Natural History and Science, Bulletin 57, p5-24
Cástor Cartelle, Gerardo De Iuliis, 1995, *Eremotherium laurillardi*: the panamerican late Pleistocene megatheriid sloth, Journal of Vertebrate Paleontology, 15:4, p830-841
Christopher L. Dutton, Amanda L. Subalusky, Stephen K. Hamilton, Emma J. Rosi, David M. Post, 2018, Organic matter loading by hippopotami causes subsidy overload resulting in downstream hypoxia and fish kills, NATURE COMMUNICATIONS, 9:1951,

DOI: 10.1038/s41467-018-04391-6

Emily L. Lindsey, Erick X. Lopez Reyes, Gordon E. Matzke, Karin A. Rice, H. Gregory McDonald, 2020, A monodominant late-Pleistocene megafauna locality from Santa Elena, Ecuador: Insight on the biology and behavior of giant ground sloths, Palaeogeography, Palaeoclimatology, Palaeoecology, vol.544, 109599

Fehmy Belghouthi, Andreas Wetzel, Hédi Zouari , Rekaya-Selwa Jeddi, 2020, *Zoophycos* in storm-affected environments: a case study from lower Maastrichtian deposits of the Mateur-Beja area (Northern Tunisia), Ichnos, DOI: 10.1080/10420940.2020.1730360

Karl Reinhard, Morgana Camacho, Breyden Geyer, Samantha Hayek, Chase Horn, Kaitlin Otterson, Julia Russ, 2019, Imaging coprolite taphonomy and preservation, Archaeological and Anthropological Sciences, 11, p6017-6035

Koji Seike, 2007, Palaeoenvironmental and palaeogeographical implications of modern *Macaronichnus segregatis*-like traces in foreshore sediments on the Pacific coast of central Japan, Palaeogeography, Palaeoclimatology, Palaeoecology, 252, p497-502

Koji Seike, Masakazu Nara, Tomohiro Takagawa, Shinji Sato, 2015, Paleoecology of a marine endobenthic organism in response to beach morphodynamics: Trace fossil *Macaronichnus segregatis* in Holocene and Pleistocene sandy beach deposits, Regional Studies in Marine Science, 2, p5-11

Lucas E. Fiorelli, Martín D. Ezcurra, E. Martín Hechenleitner, Eloisa Argañaraz, Jeremías R. A. Taborda, M. Jimena Trotteyn, M. Belén von Baczko, Julia B. Desojo, 2013, The oldest known communal latrines provide evidence of gregarism in Triassic megaherbivores, SCIENTIDIC REPORTS, 3:3348, DOI: 10.1038/srep03348

Masakazu Nara, Koji Seike, 2019, Palaeoecology of *Macaronichnus segregatis* degiberti: Reconstructing the infaunal lives of the travisiid polychaetes, Palaeogeography, Palaeoclimatology, Palaeoecology, 516, p284-294

Nobuhiro Kotake, Changes in lifestyle and habitat of *Zoophycos*-producing animals related to evolution of phytoplankton during the Late Mesozoic: geological evidence for the 'benthic-pelagic coupling model', Lethaia, vol.47, p165-175

【第5章】

一般書籍

『エディアカラ紀・カンブリア紀の生物』監修：群馬県立自然史博物館，著：土屋 健，2013年刊行，技術評論社

『機能獲得の進化史』監修：群馬県立自然史博物館，著：土屋 健，イラスト：藤井康文，かわさきしゅんいち，2021年刊行，みすず書房

『恋する化石』監修：千葉謙太郎，田中康平，前田晴良，冨田武照，木村由莉，神谷隆宏，著：土屋 健，絵：ツク之助，2021年刊行，ブックマン社

企画展図録

『マンモス「YUKA」』2013年，パシフィコ横浜

学術論文など

Adrian P. Hunt, Spencer G. Lucas, Jesper Milàn, Justin A. Spielmann, 2012, Vertebrate coprolite studies: status and prospectus, New Mexico Museum of Natural History and Science, Bulletin 57, p5-24

Eleanora Iberall Robbins, Karen Glaus Porter, 1985, Pellet microfossils: Possible evidence for metazoan life in Early Proterozoic time, Proc. Natl. Acad. Sci. USA vol.82, p5809-5813

James D. Schiffbauer, Tara Selly, Sarah M. Jacquet, Rachel A. Merz, Lyle L. Nelson, Michael A. Strange, Yaoping Cai, Emily F. Smith, 2020, Discovery of bilaterian-type through-guts in cloudinomorphs from the terminal Ediacaran Period, NATURE COMMUNICATIONS, 11:205, https://doi.org/10.1038/s41467-019-13882-z

【第6章】

一般書籍

『エディアカラ紀・カンブリア紀の生物』監修：群馬県立自然史博物館，著：土屋 健，2013年刊行，技術評論社

『オルドビス紀・シルル紀の生物』監修：群馬県立自然史博物館，著：土屋 健，2013年刊行，技術評論社

『貝類学』著：佐々木猛智，2010年刊行，東海大学出版会

『化石になりたい』監修：前田晴良，著：土屋 健，2018年刊行，技術評論社

『恐竜・古生物に聞く 第6の大絶滅』監修：芝原暁彦，著：土屋 健，絵：ツク之助，2021年刊行，イースト・プレス

『古第三紀・新第三紀・第四紀の生物 上巻』監修：群馬県立自然史博物館，著：土屋 健，2016年刊行，技術評論社

『古第三紀・新第三紀・第四紀の生物 下巻』監修：群馬県立自然史博物館，著：土屋 健，2016年刊行，技術評論社

『生痕化石からわかる古生物のリアルな生きざま』著：泉 賢太郎，2017年刊行，ベレ出版

『石炭紀・ペルム紀の生物』監修：群馬県立自然史博物館，著：土屋 健，2017年刊行，技術評論社

『地球生命 水際の興亡史』監修：松本涼子，小林快次，田中嘉寛，2021年刊行，技術評論社

プレスリリース

日本最古、中生代初期の脊椎動物の糞化石を発見，東京大学，2014年10月15日

学術論文など

Adrian P. Hunt & Spencer G. Lucas, 2020, Hyena hegemony: biogeography and taphonomy of Pleistocene vertebrate coprolites with description of a new mammoth coprolite ichnotaxon, Ichnos, DOI: 10.1080/10420940.2019.1612393!

Alexander P. Boast, Laura S. Weyrich, Jamie R. Wood, Jessica L. Metcalf, Rob Knight, Alan Cooper, 2018, Coprolites reveal ecological interactions lost with the extinction of New Zealand birds, PNAS, vol.115, no.7, p1546-1551

Alexis M. Mychajliw, Karin A. Rice, Laura R. Tewksbury, John R. Southon, Emily L. Lindsey, 2020, exceptionally preserved asphaltic coprolites expand the spatiotemporal range of a north American paleoecological proxy, SCIENTIFIC REPORTS, 10:5069, https://doi.org/10.1038/s41598-020-61996-y

Jamie R. Wood, Janet M. Wilmshurst, Steven J. Wagstaff, Trevor H. Worthy, Nicolas J. Rawlence, Alan Cooper, 2012, High-Resolution Coproecology: Using Coprolites to Reconstruct the Habits and Habitats of New Zealand's Extinct Upland Moa (*Megalapteryx didinus*). PLoS ONE 7(6): e40025. doi:10.1371/journal.pone.0040025

Jefferson T. Turner, 2015, Zooplankton fecal pellets, marine snow, phytodetritus and the ocean's biological pump, Progress in Oceanography, 130, p205–248

Joanna K. Carpenter, Jamie R. Wood, Janet M. Wilmshurst, Dave Kelly, 2018 An avian seed dispersal paradox: New Zealand's extinct megafaunal birds did not disperse large seeds. Proc. R. Soc. B 285: 20180352

Julien Kimming, Brian R. Pratt, 2018. Coprolites in the Ravens Throat River LAGERSTÄTTE of Northwestern Canada: Implications for the Middle Cambrian Food Web, PALAIOS, vol.33, issue4, p125-140

Julien Kimming, Luke C. Strotz, 2017. Coprolites in mid-Cambrian (Series 2-3) Burgess Shale-type deposits of Nevada and Utah and their ecological implications, Bulletin of Geosciences, 92(3), p297-309

Mats Eriksson, Johan Lindgren, Karen Chin, Urban Mansby, 2011, Coprolite fmorphotypes from the Upper Cretaceous of Sweden: novel views on an ancient ecosystem and implications for coprolite taphonomy, Lethaia, vol.44, p455-468

Michał Zatoń, Michał Rakociński, 2014, Coprolite evidence for carnivorous predation in a Late Devonian pelagic environment of southern Laurussia, Palaeogeography, Palaeoclimatology, Palaeoecology, 394, p1-11

Paula Dentzien-Dias, Adrian P. Hunt, Spencer G. Lucas, Heitor Francischini, Marco Gulotta , 2021, Coprolites from shallow marine deposits of the Nanjemoy Formation, Lower Eocene of Virginia, USA, Lethaia, https://doi.org/10.1111/let.12380

Roger M.H. Smith, Jennifer Botha-Brink, 2011, Morphology and composition of bone-bearing coprolites from the Late Permian Beaufort Group, Karoo Basin, South Africa, Palaeogeography, Palaeoclimatology, Palaeoecology, 312, p40-53

Ursula Toom, Olev Vinn, Mare Isakar, Anna Madison, Olle Hints, 2020, Small faecal pellets in Ordovician shelly fossils from Estonia, Baltoscandia, Estonian Journal of Earth Sciences, 69, 1, p1-19

Yasuhisa Nakajima, Kentaro Izumi, 2014, Coprolites from the upper Osawa Formation (upper Spathian), northeastern Japan: Evidence for predation in a marine ecosystem 5 Myr after the end-Permian mass extinction, Palaeogeography, Palaeoclimatology, Palaeoecology, 414, p225-232

【終章】

一般書籍

『化石になりたい』監修：前田晴良，著：土屋 健，2018年刊行，技術評論社

プレスリリース

3D化石と「汚物だめ」：カンブリア紀オルステン化石の保存の謎を解明，京都大学，2011年4月12日

学術論文など

Haruyoshi Maeda, Gengo Tanaka, Norihisa Shimobayashi, Terufumi Ohno, Hiroshige Matsuoka, 2011, Cambrian Orsten Lagerstätte from the Alum Shale Formation: Fecal pellets as a probable source of phosphorus preservation, PALAIOS, vol.26, no.4, p225-231!

【本書における地質時代名「の」について】

本書では時代名を「白亜紀の前期」のように、「の」を使って時代名を表記している。

実は最近、日本地質学会が時代表記に関するガイドラインを発表した。このガイドラインでは、時代を細分する前期や中期，後期が「きちんと定義されていた場合」は，細分表記を「前期白亜紀」のように時代名の前に置くと定めている。そして、定義されていない“あいまいな表記”の場合は、「白亜紀前期」というように時代名の後ろに置くとした。これに従うと、例えば、「定義された『前期白亜紀』の後半ぐらい」という場合は「前期白亜紀後期」と表記することになる。しかし、一般書としては、この表記方法は時期尚早でわかりづらいと判断し、本書では読みやすさを重視してこれら細分は、すべて時代名のあとに「の○期」と表記している。

詳細は、日本地質学会のウェブサイトを参照されたし。

制作陣プロフィール

【著者】土屋 健

サイエンスライター。オフィス ジオパレオント代表。日本地質学会員。日本古生物学会員。日本文藝家協会員。埼玉県出身。金沢大学大学院自然科学研究科で 修士（理学）を取得（専門は、地質学、古生物学）。その後、科学雑誌『Newton』の編集記者、部長代理を経て、現職。愛犬たちと散歩・昼寝を日課とする。2019年にサイエンスライターとして史上初となる日本古生物学会貢献賞を受賞。近著に『機能獲得の進化史』（みすず書房）、『地球生命 水際の興亡史』（技術評論社）、『恋する化石』（ブックマン社）など。

【監修】ロバート ジェンキンズ

1976年生まれ。イギリスと日本のハーフ。金沢大学理工学域地球社会基盤学類准教授。専門は古生物学／地球生物学。東京大学大学院理学研究科で博士（理学）を取得後、博士研究員などを経て現職。高校時代の化石採集の趣味が高じて大学院から本格的に古生物学の道へ。修士から深海極限環境に生息する生物に魅せられ、それらの1億年スケールでの進化を化石と現生の両面から探求している。監修・監訳に『化石の探偵術』（ワニブックス）、『生物の進化大事典』（三省堂）の監訳など。

【イラスト】かわさきしゅんいち

1990年大阪生まれ。

脱サラ後、絵本『うみがめぐり』（仮説社）を日本・中国の2カ国で出版。個展開催やイベント等で生物多様性の大切さを伝える仕事をしつつ、『眠れなくなるほど面白い古生物』（日本文芸社）や土屋健著『地球生命 水際の興亡史』（技術評論社）など、生物学関係書籍の挿絵を担当。

【編集】株式会社 伊勢出版

エンタメから趣味・実用まで、多岐にわたるさまざまなジャンルの本を手掛ける編集プロダクション。古生物関連では、土屋健著による書籍『ああ、愛しき古生物たち-無念にも滅びてしまった彼ら-』『日本の古生物たち』『パンダの祖先はお肉が好き!?-動物園から広がる古生物の世界-』『生きた化石図鑑』（いずれも笠倉出版社）などを担当。

【編集後記】

本書は、実は一度、他の出版社にて御破算となった過去がありました。

当初のタイトルは、「うんこの化石」。

つまり、〝「うんこの化石」という書籍が「うんこ」になりかけた……〟とも言えるわけです。

それがなぜ出版できたのか……については紙幅の都合上省きますが、本書誕生の背景には、もうひとり、とある出版社の編集者の存在がありました。そして、その方の尽力もあって、この本を世におくりだすことができたということを追記したく、編集後記を綴らせていただきました。

〝うんこ〟と化した企画が〝書籍〟として生まれ変わる……。こんなにもうれしい「うんこの再利用」はありません。

本書を共に途中まで編集した編集者と、出版するために奔走してくださった著者の土屋さん、技術評論社の大倉さん、そして、本書誕生に関わるすべての方と、本書を手に取っていただいた読者の皆様に、敬意と感謝の気持ちを込めて、この編集後記を捧げます。感謝多謝(伊勢)。

監　修　ロバート ジェンキンズ
イラスト　かわさきしゅんいち
デザイン　西川雅樹
編　集　伊勢新九朗
スペシャルサンクス　M・Nさん
新居隆浩（広島大学 統合生命科学研究科 助教）さん

生物ミステリー

こっそり楽しむうんこ化石の世界

発行日　2022年 6月16日　初版　第1刷発行

著　者　土屋《つちや》　健《けん》
発行者　片岡　巌
発行所　株式会社技術評論社
東京都新宿区市谷左内町21-13
電　話　03-3513-6150　販売促進部
03-3267-2270　書籍編集部
印刷・製本　大日本印刷株式会社

定価はカバーに表示してあります。

造本には細心の注意を払っておりますが、万一、乱丁（ページの乱れ）や落丁（ページの抜け）がございましたら、小社販売促進部までお送りください。送料小社負担にてお取り替えいたします。

ISBN 978-4-297-12884-5 C3044
Printed in Japan